中华青少年科学文化博览丛书·科学技术卷 >>>

U0353560

图说人造卫星 >>>

中华青少年科学文化博览丛书·科学技术卷

图说

人造卫星

吉林出版集团有限责任公司 | 全国百佳图书出版单位

前言

人们拿起手机就能上网；外出还有GPS导航仪，不至于迷路；网络连接起千家万户，使地球成为一个村落，实现信息共享。人们的生活越来越好，信息的传播越来越便捷。但是你知道这一切谁的功劳最大吗？

当然是人造卫星了。卫星是指围绕一颗行星轨道并按闭合轨道做周期性运行的天然天体，而人造卫星是由人类建造，以太空飞行载具如火箭、航天飞机等发射到太空中，像天然卫星一样环绕地球或其他行星的无人装置。人造卫星是发射数量最多、用途最广、发展最快的航天器。人造卫星发射数量约占航天器发射总数的90%以上。

人造卫星通常有四种：通信卫星、气象卫星、导航卫星、军用卫星。人们通过卫星从遥远的太空传递信息，既方便又快捷准确。

人造卫星又不能载人，人们却花费大量的人力、物力、资金来研究它，并把它发射到遥远的太空去。发射那样多的人造卫星，它有什么用途呢？人造卫星是怎样实现它强大的功能的呢？而且，没有人在上面操作，卫星是怎样在太空按照预定的轨道飞行而不会掉落下来的呢？

如果你也有这些疑问，请别着急，本书将带你了解人造卫星。

如今人们的生活离不开人造卫星带来的便利。卫星电视、导航、气象预报甚至军事状况都与人们的日常生活息息相关。了解人造卫星就是了解与人们切身利益相关的科技，了解人们的生活。

本书不但有详细的文字说明，还有大量的图片帮助读者了解各个部分的内容，在我们阅读文章的时候能够身心愉悦。

要想真正地了解人造卫星、了解科技、了解生活，那么你就阅读本书吧！

目录

目录

第**4**章

人造卫星与
人类生活

第 **1** 章

什么是人造卫星

第1章
什么是
人造卫星

一、卫星

科学家告诉我们，人类生活在宇宙世界中。宇宙是由空间、时间、物质和能量，所构成的统一体。它是一切空间和时间的综合。一般理解的宇宙指我们所存在的一个时空连续系统，包括所有物质、能量和事件。

我们身边的宇宙太空

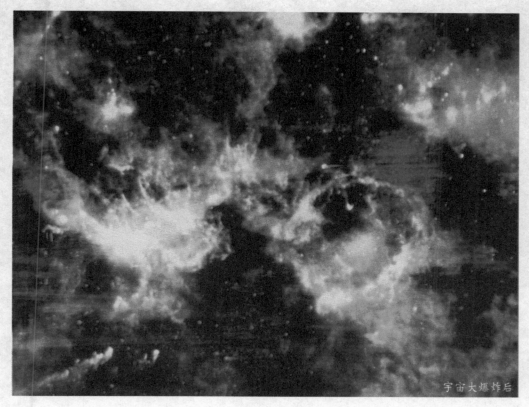

宇宙大爆炸后

　　关于宇宙的形成原因，最盛行的说法是大爆炸理论。这个观点认为：宇宙起源在约200亿年前的一次大爆炸，爆炸初期，宇宙中现在可以看到的所有物质都聚集在一起，宇宙的密度非常大，温度非常高，随着宇宙的不断膨胀，温度逐渐下降，星系、恒星、行星、生命等逐渐形成，直到成为现在我们所处的这个宇宙。

　　天体是存在于宇宙空间的天然的飞行体，包括恒星、行星和卫星等。宇宙中有许多天体，包括恒星、行星、彗星、卫星、星云等。

　　恒星是由炽热气体组成的，是能自己发光的球状或类球状天体。由于恒星离我们太远，不借助于特殊工具和方法，很难发现它们在天上的位置变化，因此古代人把它们认为是固定不动的星体。我们所处的太阳系的主星太阳就是一颗恒星。

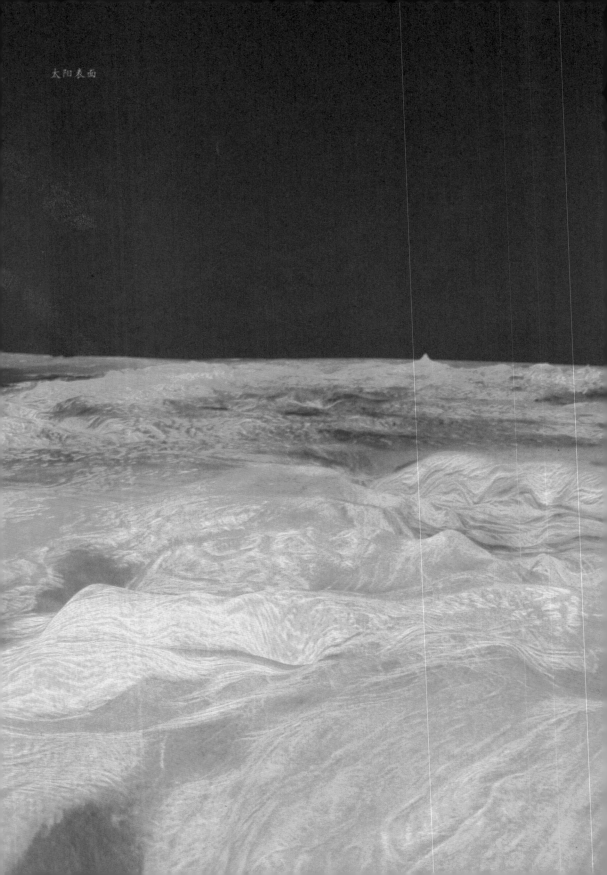
太阳表面

行星通常指自身不发光，环绕着恒星的天体。其公转方向常与所绕恒星的自转方向相同。一般来说行星需具有一定质量，行星的质量要足够大且近似于圆球状，自身不能像恒星那样发生核聚变反应。

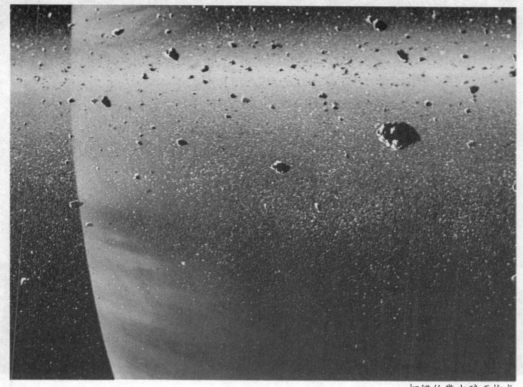

柯伊伯带由碎石构成

太阳就是宇宙中的一颗恒星。太阳系是我们现在所在的恒星系统。它是以太阳为中心，和所有受到太阳引力约束的天体的集合体：8颗行星（冥王星已被开除）、至少165颗已知的卫星和数以亿计的太阳系小天体。这些小天体包括小行星、柯伊伯带的天体、彗星和星际尘埃。广义上，太阳系的领域包括太阳，4颗像地球的内行星，由许多小岩石组成的小行星带，4颗充满气体的巨大外行星，充满冰冻小岩石、被称为柯伊伯带的第二个小天体区。在柯伊伯带之外还有黄道离散盘面、太阳圈和依然属于假设的奥尔特云。

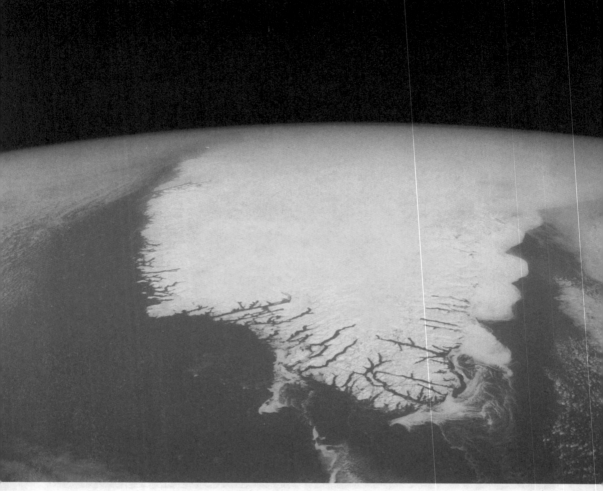

地球

地球是太阳系中八大行星中的一颗，近邻还有水星、火星、金星等。

水星在中国古代称为辰星。是太阳系中的类地行星，主要由石质和铁质构成，密度较高。自转周期很长，为58.65天，自转方向和公转方向相同，水星在88个地球日里就能绕太阳一周，平均速度47.89千米，是太阳系中运动最快的行星。无卫星环绕。它是八大行星中最小的行星，也是离太阳最近的行星。

金星是太阳系中八大行星之一，按离太阳由近及远的次序是第二颗。它是离地球最近的行星。中国古代称之为长庚、启明、太白或太白金星。

公转周期是224.71个地球日。夜空中亮度仅次于月球，排第二，金星要在日出稍前或者日落稍后才能达到亮度最大。它有时黎明前出现在东方天空，被称为"启明"；有时黄昏后出现在西方天空，被称为"长庚"。

卫星是围绕一颗行星轨道并按闭合轨道做周期性运行的天然天体。卫星环绕哪一颗行星运转，就是哪一颗行星的卫星。比如，月亮环绕着地球旋转，它就是地球的卫星。在太阳系里，除水星和金星外，其他行星都有天然卫星。太阳系已知的天然卫星总数（包括构成行星环的较大的碎块）至少有160颗。天然卫星是指环绕行星运转的星球，而行星又环绕

太阳系

着恒星运转。比如在太阳系中，太阳是恒星，我们地球及其他行星环绕太阳运转，月亮、土卫一、天卫一等星球则环绕着我们地球及其他行星运转，这些星球就叫做行星的天然卫星。

卫星按它所围绕的行星可分为地球卫星或其他星球的卫星。按来源分，地球卫星又可分为天然卫星和人造地球卫星。

人造卫星是由人类建造，以太空飞行载具如火箭、航天飞机等发射到太空中，像天然卫星一样环绕地球或其他行星的装置。

卫星的特点是不会发光，围绕行星运转，随行星围绕恒星运转。行星的特点是不发光，不透明，围绕恒星运转。恒星的特点是会发光，会发热。

那么卫星有什么作用呢？以月亮为例来说，作为地球的天然卫星，它可以平衡地球自转，稳定地轴，控制潮汐，可以用来观察时间等。当然还有很多人类关于月亮的美丽传说。

土卫一

知识卡片

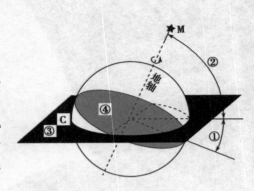

地轴

　　地轴，即为地球斜轴，又称地球自转轴。是指地球自转所绕的轴，北端与地表的交点是北极，南端与地表的交点是南极。地轴通过地心，连接南、北两极，与地球公转轨道面的夹角为66°34′，和地球自转轨道面——赤道面垂直。

潮汐

　　潮汐现象是指海水在天体（主要是月球和太阳）引潮力作用下所产生的周期性运动，习惯上把海面垂直方向涨落称为潮汐，而海水在水平方向的流动称为潮流。是沿海地区的一种自然现象，古代称白天的河海涌水为"潮"，晚上的称为"汐"，合称为"潮汐"。

二、人造卫星

我们知道地球具有引力。尽管引力的本质还有待于确定，但人们早已觉察到了它的存在和作用。接近地球的物体，无一例外地被吸引朝向地球质量的中心。因为在地球表面上的任何物体，与地球本身的质量相比，实在是微不足道的。

在地球引力作用下进行的极限运动——跳伞

牛顿是发现地球引力规律的科学家。如果地面上空有一个相对于地面静止的物体，它只受重力的作用，那么就会做自由落体运动，如果物体在空中具有一定的初速度，且初速度的方向与重力的方向垂直，那么它将做平抛运动。牛顿曾设想过：地球对周围物体有引力作用，因而在山顶上平抛出的物体要落回地面。但抛出物的初速度越大，物体飞得越远，如果没有空气阻力，当初速度很大时，物体有可能永远不会落回地面上，它将绕地心作匀速圆周运动或作椭圆轨道运动，成为地球的一颗人造卫星。

　　人类掌握了地球引力特性，经过不懈探索和努力，成功地突破了引力的限制，发射了许多航天器。

　　航天器又称空间飞行器、太空飞行器，是执行航天任务的主体，是航天系统的主要组成部分。它按照天体力学的规律在太空运行，执行探索、开发、利用太空和天体等特定任务的各类飞

人造卫星

第一颗人造卫星

行器。1957年10月4日，苏联发射的"人造地球卫星1号" 是世界上第一个航天器。第一个载人航天器是苏联航天员加加林乘坐的"东方号"飞船，第一个把人送到月球上的航天器是美国"阿波罗11号"飞船，第一个兼有运载火箭、航天器和飞机特征的飞行器是美国"哥伦比亚号"航天飞机。

至今，航天器基本上都在太阳系内运行。美国1972年3月发射的"先驱者10号"探测器，在1986年10月越过冥王星的平均轨道，成为第一个飞出太阳系的航天器。

发射航天器时要按照选择的发射窗口和规定的发射程序，在发射指挥控制中心的指挥、控制下，使用航天运载器将航天器运送到预定轨道上。航天器发射有地面发射、海上发射、空中发射和空间发射等多种方式。航天器发射必须在运载器、航天器的综合技术准备、发射准备、航天测控系统和各种技术保障准备满足发射条件之后实施。

人造卫星就是由人类建造的一种航天器。人造卫星是发射数量最多、用途最广、发展最快的航天器。人造卫星发射数量约占航天器发射总数的90%以上。

科学家用火箭把它发射到预定的轨道，使它环绕着地球或其他行星运转，以便进行探测或科学研究。比如，最常用在观测、通讯等方面的人造地球卫星。

带着卫星升空的火箭

人造卫星基本按照天体力学规律绕地球运动。它们在不同的轨道上受地球引力场、大气阻力、太阳引力、月球引力和光压的影响，运动情况非常复杂。

知识卡片

牛顿

艾萨克·牛顿爵士是人类历史上出现过的最伟大、最有影响的科学家，同时也是物理学家、数学家和哲学家，晚年醉心炼金术和神学。他在1687年7月5日发表的不朽著作《自然哲学的数学原理》里用数学方法阐明了宇宙中最基本的法则——万有引力定律和三大运动定律。这四条定律构成了一个统一的体系，被认为是"人类智慧史上最伟大的一个成就"，由此奠定了之后三个世纪中物理界的科学观点，并成为现代工程学的基础。牛顿为人类建立起"理性主义"的旗帜，开启工业革命的大门。牛顿逝世后被安葬于威斯敏斯特大教堂，成为在此长眠的第一个科学家。

牛顿

光压给人带来的温暖与压力

光压

光压是射在物体上的光所产生的压力。如阳光照在身体上，不仅会感觉发暖，也有压力，只是因为感觉器官的限制而感觉不到。光压的发现源于俄国和美国。19世纪，英国物理学家麦克斯韦创立了电磁理论，指出光的本质是电磁波。麦克斯韦还预言：光射到物质表面时，将对这一表面施加压力。彗星尾巴背向太阳就是太阳的光压造成的。

三、卫星的组成

卫星一般都是由两大部分组成，即有效载荷与平台。有效载荷是指卫星上用在直接实现卫星的自用目的或科研任务的仪器设备，如遥感卫星上使用的照相机，通信卫星上使用的通信转发器和通信天线等，平台则是为保证有效载荷正常工作而为其服务的所有保障系统，一般包括结构系统、温度控制系统、电源系统、无线电测控系统、姿态控制系统和轨道控制系统等。

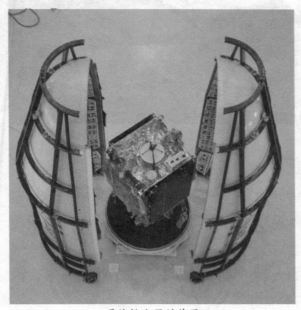

通信转发器的作用

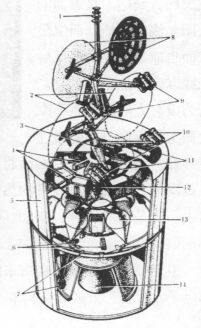

通信卫星的组成
1.遥控遥测全向天线 2.点波束发射反射器
3.遥测发射定向天线
4.通信转发器电子设备 5.太阳电池
6.蓄电池 7.姿态控制发动机
8.点波束接收反射器 9.接收馈源喇叭
10.发射馈源喇叭 11.覆球波束天线
12.旋转装置 13.肼燃料贮箱 14.远地点发动机

结构系统

卫星结构是金属或复合材料的框架，其他组件装配在上面。因为要承受发射时的载荷，一般来说卫星结构是个弹性体。卫星表面有反射涂层，减少太阳热量吸收，此涂层也能防御激光攻击。

热控系统

热控系统控制卫星主动组件温度，使其正常工作。卫星主动组件产生大量的热，例如计算机和接收天线。到达卫星表面的太阳光线产生热，而卫星表面也能最大程度地反射光线以减少热量的吸收。因为没有大气，卫星不像地面上的物体一样能通过

卫星散热器

传导和对流来散热，它必须将热量辐射出去。大多数情况下，热控系统是被动的，只有一套设计的热传导通路（热管）和散热器来将热量辐射出去。但是某些组件，例如红外遥感设备，需要低温冷却；如果缺少冷却剂则会大幅度降低系统性能。

卫星很难应对激光束带来的大量热量。如果卫星上的热量过多，内部电子元件会失效或者结构本身性能下降。

电源系统

电能通常由太阳电池阵（太阳帆板）产生，并在充电电池中存储，为卫星在地影区域内提供电源支持。随着电池技术的进步，人们研制出具有

卫星上的太阳能帆板

高能量密度（单位质量内存储的能量）和高可靠性的新型电池。

　　太阳电池装在卫星表面或装在平直帆板上。在卫星表面安装太阳电池使得卫星构型更紧凑，但是因为任何时候只有部分太阳电池能被照到，所以产生的电能没有总指向太阳的帆板电池的多。

计算机控制系统

　　星载计算机监测卫星子系统的状态，控制它们工作和处理数据。重要的卫星配有由计算机控制的先进抗干扰硬件。如果别人控制了卫星的计算机，那么卫星就会失效。计算机系统对于电磁环境很敏感，在太阳风暴期间受到高强度的电磁辐射攻击时，就会关机或重启。

通信系统

　　通信系统建立卫星和地面站或其他卫星间的链路。系统通常由接收器、转发器和单个或多个天线组成。卫星和地面间的无线链路是卫星系统中最重要、最薄弱的环节。所有的卫星都需要上行和下行链路来进行遥测、跟踪和指令（TT&C）。TT&C系统非常重要，控制卫星并评估卫星

其他系统的健康状况。卫星上及地面的接收器会受到大量侵入信号攻击（称为电子干扰），被虚假信号迷惑（称为电子欺骗）。尽管干扰TT&C信道会带来很大损失，但是通过加密可以保护好这些信道。通常通信系统中最薄弱的环节就是和任务相关的通信。TT&C系统只占卫星总带宽的一小部分。干扰需要在TT&C通信信道发送和接收的区域内才能攻击，例如用户和卫星通信的区域。增强天线的指向性，限制干扰攻击可能发生的区域范围，能保护信道不受攻击。但是对很大地理范围服务用户的卫星，这个方案不可行。况且在一定频率下提高定向性，需要一个更大的天线。

姿态控制系统

该系统控制卫星姿态，并指向正确方向，它包括陀螺、加速度计和可视导航系统。通信需要精确控制天线指向合适的方向，采集数据也需要精确控制敏感器指向合适的方向。如果姿态控制系统发生了故障，则卫星很可能失效。

姿态控制系统

推进系统

　　卫星的推进系统包括卫星发射后将卫星定位与指定轨道的发动机，用在轨道维持和姿态控制的小推力发动机，以及用在其他机动的大推力发动机。如果推进系统因为损坏或缺少推进剂发生故障，那么卫星仍然可以工作。但是若轨道上卫星非常密集，如地球同步轨道，卫星必须精确地保持自己的位置，否则它将会和周围的卫星相撞。低轨卫星需要定时维持轨道，防止轨道衰减。

遥感卫星

　　遥感卫星是指用作外层空间遥感平台的人造卫星。用卫星作为平台的遥感技术称为卫星遥感。通常，遥感卫星可在轨道上运行数年。卫星轨道可根据需要来确定。遥感卫星能在规定的时间内覆盖整个地球或指定的任何区域，当沿地球同步轨道运行时，它能连续地对地球表面某指定地域进行遥感。所有的遥感卫星都需要有遥感卫星地面站，卫星获得的图像数据通过无线电波传输到地面站，地面站发出指令以控制卫星运行和工作。遥感卫星主要有气象卫星、陆地卫星和海洋卫星三种类型。

复合材料

　　复合材料是由两种或两种以上不同性质的材料，通过物理或化学的方法，在宏观上组成具有新性能的材料。各种材料在性能上互相取长补短，产生协同效应，使复合材料的综合性能优于原组成材料而满足各种不同的要求。复合材料的基体材料分为金属和非金属两大类。金属基体常用的有铝、镁、铜、钛及其合金。非金属基体主要有合成树脂、橡胶、陶瓷、石墨、碳等。增强材料主要有玻璃纤维、碳纤维、硼纤维、芳纶纤维、碳化硅纤维、石棉纤维、晶须、金属丝和硬质细粒等。

复合材料

涂层

涂层是涂料一次施涂所得到的固态连续膜，是为了防护、绝缘、装饰等目的，涂于金属、织物、塑料等基体上的薄层。涂料可以为气态、液态、固态，通常根据需要喷涂的基质决定涂料的种类和状态。

天线

天线是一种变换器，它把传输线上传播的导行波，变换成在无界媒介（通常是自由空间）中传播的电磁波，或者进行相反的变换。是在无线电设备中用来发射或接收电磁波的部件。无线电通信、广播、电视、雷达、导航、电子对抗、遥感、射电天文等工程系统，凡是利用电磁波来传递信息的，都要依靠天线来进行工作。此外，在用电磁波传送能量方面，非信号的能量辐射也需要天线。一般天线都具有可逆性，即同一副天线既可用作发射天线，也可用作接收天线。同一天线作为发射或接收的基本特性参数是相同的。这就是天线的互易定理。

天线

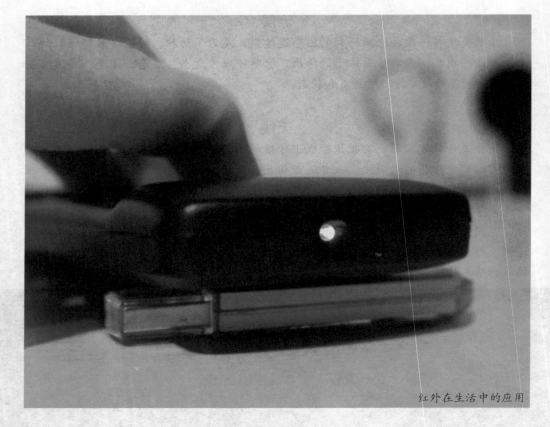

红外在生活中的应用

红外

红外是一种无线通讯方式，可以进行无线数据的传输。自1974年发明以来，得到很普遍的应用，如红外线鼠标、红外线打印机、红外线键盘等等。红外的特征：红外传输是一种点对点的传输方式，无线，不能离得太远，要对准方向，且中间不能有障碍物，也就是不能穿墙而过，几乎无法控制信息传输的进度。

激光

激光的最初的中文名叫做"镭射"、"莱塞"，是它的英文名称LASER的音译，是取自英文的各单词头一个字母组成的缩写词，意思是"通过受激发射光扩大"。激光的英文全名已经完全表达了制造激光的主要过程。1964年按照我国著名科学家钱学森建议，将"光受激发射"改称"激光"。激光应用很广泛，主要有激光打标、光纤通信、激光光谱、激光测距、激光雷达、激光切割、激光武器、激光唱片、激光指示器、激光矫视、激光美容、激光扫描、激光灭蚊器，等等。

激光在科研中的应用

太阳电池

太阳电池

　　太阳电池是可以有效吸收太阳能，并将其转化成电能的半导体部件。是用半导体硅、硒等材料将太阳的光能变成电能的器件。它具有可靠性高，寿命长，转换效率高等优点，可做人造卫星、航标灯、晶体管收音机等的电源。

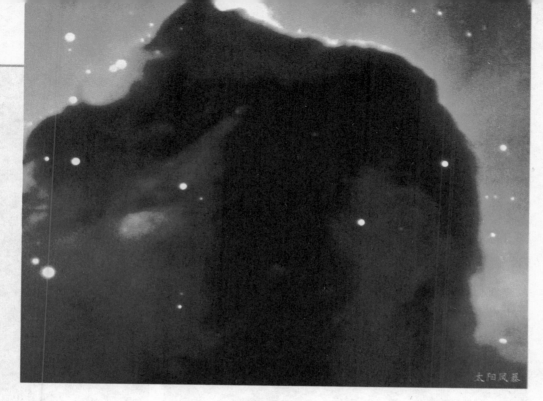

太阳风暴

太阳风暴

太阳风是从恒星上层大气射出的超声速等离子体带电粒子流。在不是太阳的情况下，这种带电粒子流也常称为"恒星风"。太阳风是一种连续存在，来自太阳并以200～800千米/秒的速度运动的等离子体流。这种物质虽然与地球上的空气不同，不是由气体的分子组成，而是由更简单、的比原子还小一个层次的基本粒子——质子和电子等组成，但它们流动时所产生的效应与空气流动十分相似，所以称它为太阳风。2012年3月，5年来最强的一次太阳风暴在7日上午喷发，无线通讯受到影响。

电磁辐射

电磁辐射又称电子烟雾，是由空间共同移送的电能量和磁能量所组成，而该能量是由电荷移动所产生。举例说，正在发射讯号的射频天线所发出的移动电荷，便会产生电磁能量。电磁"频谱"包括形形色色的电磁辐射，从极低频的电磁辐射至极高频的电磁辐射，两者之间还有无线电波、微波、红外线、可见光和紫外光等。电磁频谱中射频部分的一般定义，是指频率约由3千赫到300吉赫的辐射。

链路

链路就是从一个节点到相邻节点的一段物理线路，中间没有任何其他的交换节点。

四、卫星工程系统

第 1 章
**什么是
人造卫星**

要完成任务，单凭卫星本身是不行的，需要完整的卫星工程系统。完整的卫星工程系统一般由以下系统组成：发射场系统、运载火箭系统、卫星系统、测控系统、卫星应用系统、回收区系统（专指返回式卫星）。

卫星测控船

航天发射场是发射航天器的特定区域，其主要功能是完成运载火箭和航天器的装配、测试和发射；对飞行中的运载火箭及航天器进行跟踪测量，获取数据，进行处理和分析；对运载火箭及航天器进行监视和安全控制，完成检测和发射的后勤保障等。发射场场址的选择，有着十分复杂的综合性的矛盾要求。如它应靠近工业区，有方便的交通条件，但又

应远离人口稠密的地区；它要求雷雨少、湿度小、风速低、温差变化不大的地方，但又要有丰富的水源，且应尽量靠近赤道的低纬度地区；它要求地质坚实，有较好的安全条件，但又要求地势平坦开阔，有良好的布局和发射条件等。

发射场通常由测试区（技术阵地）、发射区（发射阵地）、发射指挥控制中心、地面测控系统及辅助设施组成。测试区是进行技术准备的专用区，主要任务是对运载火箭和航天器进行装配、测试，对其内部各系统的单个仪器设备进行检测、试验。主要设施有火箭装备测试厂房、航天器装配测试厂房、固体火箭装配厂房、供电站、发电站、火工品库、地

卫星发射中心

面设备库和各种实验室。发射区是发射前准备和发射的专门区域；地面测控系统是对运载火箭和航天器进行跟踪测量，接收遥测和外测信息，发送监控、安全指令和通信信息的一整套地面设施，配置在发射场和火箭飞行航区。

酒泉卫星发射中心

运载火箭是由多级火箭组成的航天运输工具，用途是把人造地球卫星、载人飞船、空间站、空间探测器等有效载荷送入预定轨道。是在导弹的基础上发展的，一般由2～4级组成，每一级都包括箭体结构、推进系统和飞行控制系统。末级有仪器舱，内装制导与控制系统、遥测系统和发射场安全系统。级与级之间

卫星发射台

卫星发射中心

靠级间段连接。有效载荷装在仪器舱的上面，外面套有整流罩。

　　返回式卫星指在轨道上完成任务后，有部分结构会返回地面的人造卫星。返回式卫星最基本的用途是照相侦察。比起航空照片，卫星照片的视野更广阔、效率更高。早期由于技术所限，必须利用底片才能拍摄高清晰度的照片，因此必须让卫星带回底片或用回收筒将底片送回地面进行冲洗和分析。各个航天大国都曾利用返回式卫星作军事侦察及国土普查用途。现在由于可从卫星上直接传送影像数据到地面，返回式卫星的功能又演变为进行需要回收实验品的空间试验室。

返回式卫星

　　测控系统就是又"测"又"控"的系统，依据被控对象被控参数的检测结果，按照人们预期的目标对被控对象实施控制。通俗地讲，"测"与"控"，就是包含了反馈控制，也是控制的核心思想。单独的检测系统或单独的控制

由多级火箭组成的航天运输工具

系统，也可以称为测控系统，因为检测与控制很难分开。人类至今已先后将各种卫星、飞船、航天飞机和空间站等5000多个航天器送入太空。然而，太空并未因此变得杂乱无序，每一个航天器始终按照自己的轨道飞行，偶尔偏离轨道，也能很快"迷途知返"，这主要依靠地球上庞大的航天测控网。

测控大厅

知识卡片

火工品

火工品又称火具，在战略导弹、核武器及航空航天系统等军事工程中广泛应用。作为小型化的敏感爆炸能源，火工品既是武器和爆炸系统完成预定功能的"源"，同时又往往是这些系统可能发生意外爆炸、造成人身伤亡的"根"。

多级火箭

多级火箭是由数级火箭组合而成的运载工具。每一级都装有发动机与燃料，目的是为了提高火箭的连续飞行能力与最终速度。从尾部最初一级开始，每级火箭燃料用完后自动脱落，同时下一级火箭发动机开始工作，使飞行器继续加速前进。

多级火箭

载人飞船

　　载人飞船是指能保障航天员在外层空间生活和工作以执行航天任务并返回地面的航天器。又称宇宙飞船。载人飞船可以独立进行航天活动，也可用为往返于地面和空间站之间的"渡船"，还能与空间站或其他航天器对接后进行联合飞行。载人飞船容积较小，受到所载消耗性物质数量的限制，不具备再补给的能力，而且不能重复使用。

空间站

　　空间站，又称航天站、太空站、轨道站，是一种在近地轨道长时间运行，可供多名航天员巡访、长期工作和生活的载人航天器。空间站分为单一式和组合式两种。单一式空间站可由航天运载器一次发射入轨，组合式空间站则由航天运载器分批将组件送入轨道，在太空组装而成。

空间站

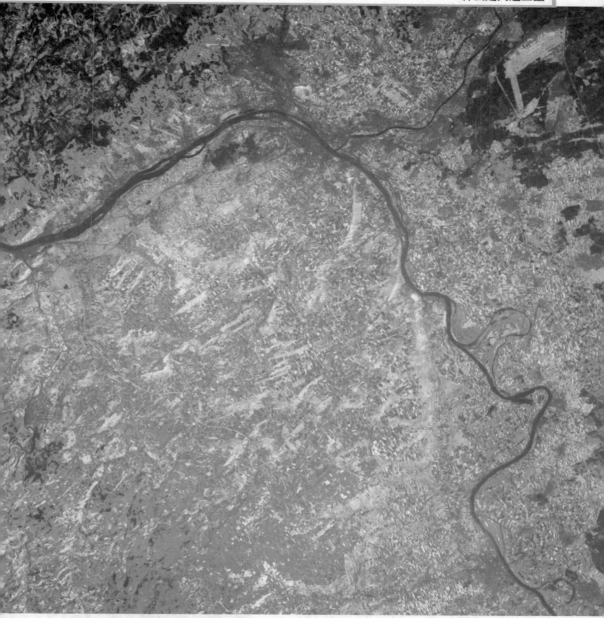

卫星拍摄的地球表面植被分布照片

卫星照片

　　卫星照片是指利用人造卫星拍摄的图像资料，简称卫片。可分为：陆地卫星照片，能对农作物的生长、洪水过程、地震活动作动态分析；气象卫星照片，又叫"卫星云图"，能展示大范围的云况，尤其是能直观地显示台风、暴雨、寒潮等自然灾害出现的位置和强度；军事侦察卫星照片，只针对军事目标，分辨率很高。

五、世界卫星发展史

第1章 什么是人造卫星

1957年，苏联发射了世界上第一颗人造卫星。之后，美国、法国、日本也相继发射了人造卫星。中国在1970年发射了自己的第一颗人造卫星"东方红1号"。

1957年，世界上第一个人造地球卫星由苏联发射成功。这个卫星在离地面900千米的高空运行。它每转一整周的时间是95分钟，它的运行轨道和赤道平面之间所形成的倾斜角是65度。它是一个球形体，直径58厘米，重83.6千克，内装两部不断放射无线电信号的无线电发报机。它的频率分别为20.005和40.002兆赫。信号采用电报讯号的形式，每个信号持续时间约0.3秒。间歇时间与此相同。苏联第一颗人造地球卫星的发射成功，揭开了人类向太空进军的序幕，大大激发了世界各国研制和发射卫星的热情。

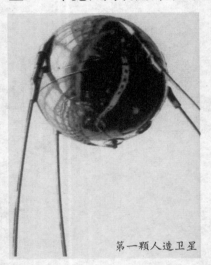

第一颗人造卫星

美国在1958年成功地发射了第一颗"探险者1号"人造卫星。这颗星重8.22千克，锥顶圆柱形，高203.2厘米，直径15.2厘米，沿近地点360.4千米、远地点2531千米的椭圆轨道绕地球运行，轨道倾角33.34°，运行周期114.8分钟。发射"探险者号"的运载火箭是"丘比特"四级运载火箭。

1958年，美国宇航局发射了"斯科尔"广播试验卫星，进行磁带录音信号的

"丘比特"运载火箭

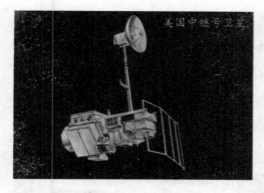

美国中继号卫星

传输。1960年，又发射了"回声"无源发射卫星，首次完成了有源延迟中继通信。1962年美国电话电报公司AT&T发射了"电星1号"低轨道通信卫星，在6GHz/4GHz实现了横跨大西洋的电话、电视、传真和数据的传输，奠定了商用卫星通信的技术基础。1962年美国无线电公司RCA发射了"中继1号"低轨道卫星，完成了横跨太平洋的美、日之间的电视传播。

那时，由于火箭推力有限，卫星高度均没有超过1万千米，这些卫星称为低轨道卫星，它们围绕地球转一圈的时间为几个小时。对于地球上的观察者来说，卫星总是不停地围绕地球旋转。为了接收来自卫星的信号，地球站的天线要不停地跟踪卫星。而当卫星转到地球的另一侧的时候，地球站只有暂停工作，等待再一次转到这一侧的时候继续跟踪。所以一个地球站和卫星之间的通信只能进行几个小时。而且，由于卫星相对地球站存在相对运动，由此产生的多普勒效应，使接收频率发生变化，导致设备的复杂化。

1963年，美国宇航局发射的"辛康2号"卫星，轨道

卫星上看到的地球

高度升高后，可使卫星在赤道上空绕地球一周的时间与地球自转一周的时间相等。因此，卫星和地球站是相对静止的，这种称为静止卫星的轨道称为地球同步轨道，因此也可以称为同步卫星。使用了这种同步卫星，建立稳定的通信线路才成为现实，至此，卫星通信作为现代通信方式取得了稳固的地位。同年10月，克服了许多技术上的困难，利用该卫星向全世界转播了东京奥运会的实况。1964年，成立了商用的卫星临时组织。

1965年苏联发射了"闪电号"同步卫星，完成了苏联和东欧之间的区域性通信和电视广播。至此，经历了近20年的时间，完成了通信卫星的试验，并使卫星通信的实用价值得到了广泛的承认。

1964年的东京奥运会

法国在1965年成功地发射了第一颗"试验卫星1号"人造卫星。这颗星重约42千克，运行周期108.61分钟，沿近地点526.24千米、远地点1808.85千米的椭圆轨道运行，轨道倾角34°24″；1970年2月11日，日本成功地发射了第一颗人造卫星"大隅号"。这颗星重约9.4千克，轨道倾角31°07″，近地点339千米，远地点5138千米，运行周期144.2分钟。

1970年，中国自行设计、制造的第一颗人造地球卫星"东方红1号"发射成功。这颗卫星直径约1米，重173千克，运行轨道距地球最

东方红1号

近点439千米，最远点2384千米，轨道平面和地球赤道平面的夹角68.5度，绕地球运行周期114分钟。卫星用20009兆周的频率，播送《东方红》乐曲。发射"东方红1号"卫星的运载火箭为"长征1号"三级运载火箭，火箭全长29.45米，直径2.25米，起飞重量81.6吨，发射推力112吨。

1971年，在澳大利亚的武默拉火箭发射场，英国成功地发射了第一颗人造卫星"普罗斯帕罗号"。这颗星重约66千克，轨道倾角82.1度，近地点537千米，远地点1482千米，运行周期105.6分钟。它的主要任务是试验各种技术新发明，例如试验一种新的遥测系统和太阳能电池组。它还携带微流星探测器，用来测量地球上层大气中这种宇宙尘高速粒子的密度。

除上述国家外，加拿大、意大利、澳大利亚、德国、荷兰、西班牙、印度和印度尼西亚等也在准备自行发射或已经委托别国发射了人造卫星。

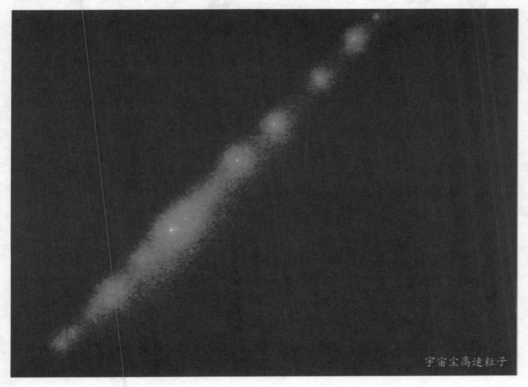

宇宙尘高速粒子

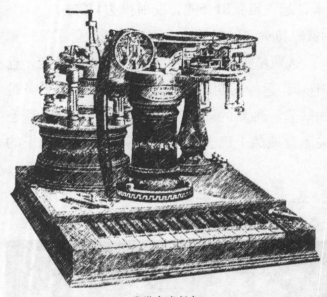

知识卡片

无线电发报机

无线电发报机应该说是最早的通信发明，它利用电键控制一个低频信号发生器的振荡与否，再被一个高频载波信号所调制，经功率放大，由天线发射，工作频率点设在短波段（SW），在接收端，经检波可得到低频信号的有与无所组成的排列信息，由报务员译码而得，其电码的组成又称莫尔斯电码，由两个长短不一的音响信号来表达0～9的10个数字和26个英文字母。无线电电

无线电发报机

报收发通信系统由电阻、发光二极管、蜂鸣器和电池盒等一些小零件组成。

中继卫星

中继卫星被称为"卫星的卫星"，可为卫星、飞船等航天器提供数据中继和测控服务，极大提高各类卫星使用效益和应急能力，能使资源卫星、环境卫星等数据实时下传，为应对重大自然灾害赢得更多预警时间。

兆周

兆周是电磁波频率单位，每秒100万周的频率称做1兆周。

轨道倾角

轨道倾角简称倾角，指的是航天器绕地球运行的轨道平面与地球赤道平面之间的夹角，分为顺行轨道、逆行轨道和极轨道。

人造卫星的分类

◎人造卫星的分类
◎通信卫星
◎气象卫星
◎导航卫星
◎军用卫星

一、人造卫星的分类

按运行轨道区分为低轨道卫星、中轨道卫星、高轨道卫星、地球同步轨道卫星、地球静止轨道卫星、太阳同步轨道卫星、大椭圆轨道卫星和极轨道卫星。

太阳同步轨道指的就是卫星的轨道平面和太阳始终保持相对固定的取向，轨道的倾角（轨道平面与赤道平面的夹角）接近90度，卫星要在两极附近通过，因此又称之为近极地太阳同步卫星轨道。为使轨道平面始终与太阳保持固定的取向，因此轨道平面每天平均向地球

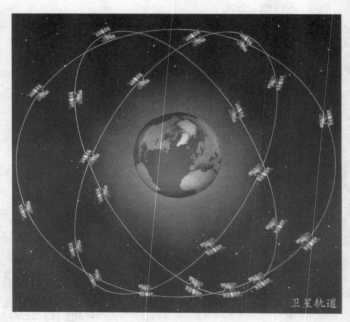

卫星轨道

公转方向（自西向东）转动0.9856度（就是360度／年）。

按用途区分为科学卫星、应用卫星和技术试验卫星。

科学卫星

科学卫星是用于科学探测和研究的卫星，主要包括空间物理探测卫星和天文卫星，用来研究高层大气、地球辐射带、地球磁层、宇宙线、太阳辐射等，并可以观测其他星体。

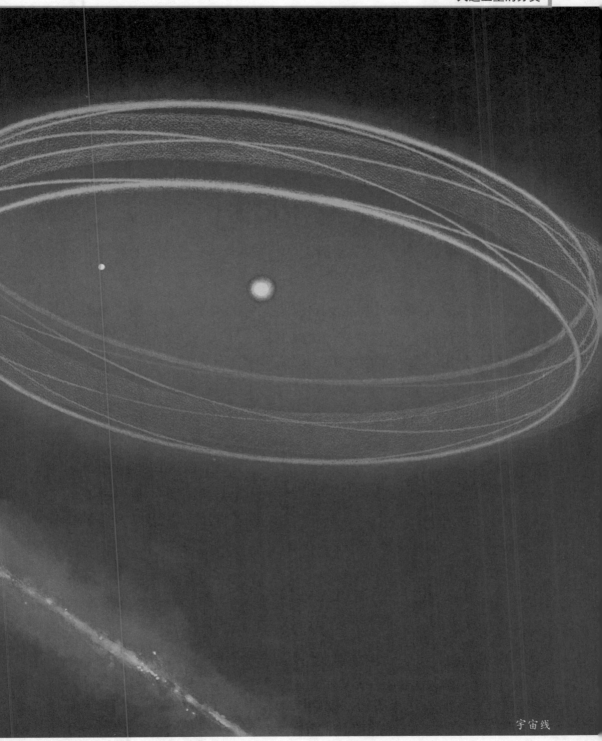

宇宙线

技术试验卫星

技术试验卫星是进行新技术试验或为应用卫星进行试验的卫星。航天技术中有很多新原理、新材料、新仪器，其能否使用，必须在天上进行试验；一种新卫星的性能如何，也只有把它发射到天上去实际"锻炼"，试验成功后才能应用；人上天之前必须先进行动物试验等，这些都是技术试验卫星的使命。

应用卫星

应用卫星是直接为人类服务的卫星，它的种类最多，数量最大。其中包括：通信卫星、气象卫星、侦察卫星、导航卫星、测地卫星、地球资源卫星、截击卫星、军用卫星，等等。

间谍卫星又称侦察卫星

间谍卫星拍摄中国北京市地图

用于获取军事情报的军用卫星。侦察卫星利用所载的光电遥感器、雷达或无线电接收机等侦察设备，从轨道上对目标实施侦察、监视或跟踪，以获取地面、海洋或空中目标辐射、反射或发射的电磁波信息，用胶片、磁带等记录器存储于返回舱内，在地面回收或通过无线电传输方式发送到地面接收站，经过光学、电子设备和计算机加工处理，从中提取有价值的军事情报。

测地卫星

测地卫星是专门用在大地测量的人造地球卫星。卫星测地系统的空间部分，可以作为地面观测设备的观测目标或定位基准。测地卫星可精确测定地球上任意点的坐标、地球形体和地球引力场参数。测地卫星按是否载有专用测地系统分为主动测地卫星和被动测地卫星；按测地任务和方法分为几何学测地卫星和动力学测地卫星。测地卫星为大地测量学的发展开辟了新的途径，促进空间大地测量学发展成为一门独立的分支学科。

◆高层大气

高层大气是指地球大气开始电离（约60千米）以上的大气区域。对于高层大气起始高度的划分不尽一致，如有人把探空气球可上升到30千米高度作为高层大气下限，也有人把中间层顶（约80千米）以上的大气区域称为高层大气。

地球被大气层包围

高层大气上界的层状结构已不明显，由于受到太阳辐射的缘故，高层大气粒子速度很高，这些大气粒子有可能克服地球引力的束缚而逃离地球大气层，而宇宙空间的气体粒子也有可能进入高层大气。

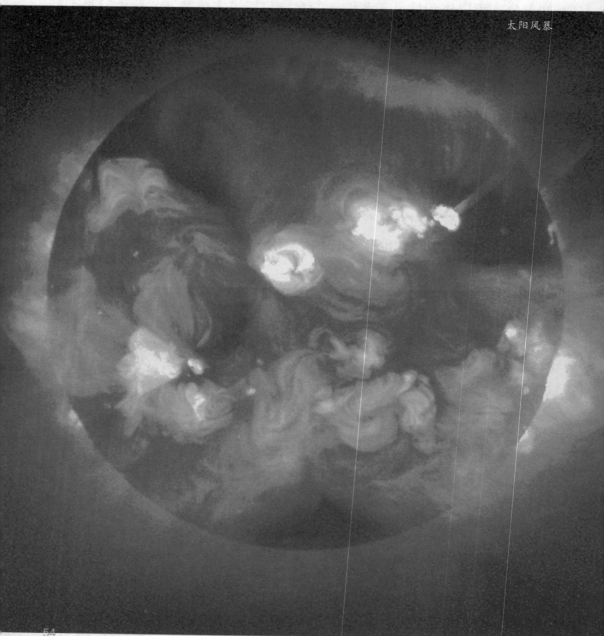

太阳风暴

◆**地球辐射带**

地球辐射带指地球周围空间大量高能带电粒子的聚集区。它分为内外两个带，它们在向阳面和背阳面各有一个区，内辐射带离地面较近，而外辐射带离地面较远。

地球磁层

地球磁场近似于把一个磁铁棒放到地球中心，使它的N极大体上对着南极而产生的磁场形状。当然，地球中心并没有磁铁棒，而是通过电流在导电液体核中流动的发电机效应产生磁场的。地球磁场不是孤立的，它受到外界扰动的影响，宇宙飞船就已经探测到太阳风的存在。太阳风是从太阳日冕层向行星际空间抛射出的高温高速低密度的粒子流，主要成分是电离氢和电离氦。

因为太阳风是一种等离子体，

太阳风暴释放粒子

所以它也有磁场，太阳风磁场对地球磁场施加作用，好像要把地球磁场从地球上吹走似的。尽管这样，地球磁场仍有效地阻止了太阳风长驱直入。在地球磁场的反抗下，太阳风绕过地球磁场，继续向前运动，于是形成了一个被太阳风包围的、彗星状的地球磁场区域，这就是磁层。

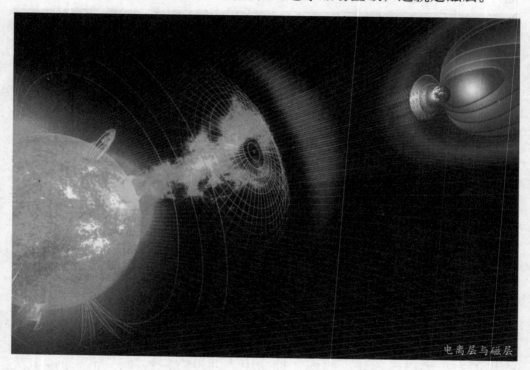

电离层与磁层

地球资源卫星

地球资源卫星，简称资源卫星，是指用于勘探和研究地球自然资源和环境的人造地球卫星。卫星所载的多光谱遥感设备获取地物目标辐射和反射的多种波段的电磁波信息，并发回地面接收站。地面接收站根据各种资源的波谱特征，对接收的信息进行处理和判读，得到各类资源的特征、分布和状态资料。随着遥感技术的发展，采用合成孔径雷达和光学

雷达

遥感器相结合的地球资源卫星，具有全天候、全天时、高精度的特点。

地球资源卫星按勘探的区域分为陆地资源卫星和海洋资源卫星（海洋观测卫星或海洋卫星）。地球资源卫星能迅速、全面、经济地提供有关地球资源的情况，对土地利用、土壤水分监测、农作物生长、森林资源调查、地质勘探、海洋观测、油气资源勘查、灾害监测和全球环境监测等地球资源开发与国民经济发展具有重要作用。

 知识卡片

宇宙射线

所谓宇宙射线，指的是来自宇宙中的一种具有相当大能量的带电粒子流。1912年，德国科学家韦克多·汉斯带着电离室在乘气球升空测定空气电离度的实验中，发现电离室内的电流随海拔升高而变大，从而认定电流是来自地球以外的一种穿透性极强的射线所产生的，于是有人为之取名为"宇宙射线"。

雷达

雷达是指利用电磁波探测目标的电子设备。它发射电磁波对目标进行照射并接收其回波，由此获得目标到电磁波发射点的距离、距离变化率（径向速度）、方位、高度等信息。雷达概念形成在20世纪初。雷达是英文radar的音译，意为无线电检测和测距的电子设备。各种雷达的具体用途和结构不尽相同，但基本形式是一致的，包括：发射机、发射天线、接收机、接收天线、处理部分以及显示器。还有电源设备、数据录取设备、抗干扰设备等辅助设备。

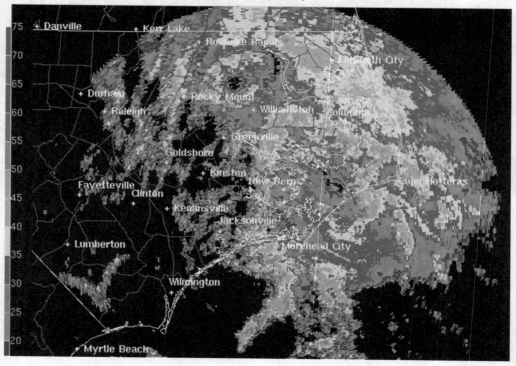

二、通信卫星

第2章
人造卫星的
分类

通信卫星是用作无线电通信中继站的人造地球卫星，是卫星通信系统的空间部分。通信卫星转发无线电信号，实现卫星通信地球站（含手机终端）之间或地球站与航天器之间的通信。通信卫星按轨道的不同分为地球静止轨道通信卫星、大椭圆轨道通信卫星、中轨道通信卫星和低轨道通信卫星；按服务区域不同分为国际通信卫星、区域通信卫星和国内通信卫星；按用途的不同分为军用通信卫星、民用通信卫星和商业通信卫星；按通信业务种类的不同分为固定通信卫星、移动通信卫星、电视广播卫星、海事通信卫星、跟踪和数据中继卫星；按用途多少的不同分为专用通信卫星和多用途通信卫星。一颗地球静止轨道通信卫星大约能够覆盖40%的地球表面，使覆盖区内的任何地面、海上、空中的通信站能同时相互通信。在赤道上空等间隔分布的3颗地球静止轨道通信卫星可以实现除两极部分地区外的全球通信。通信卫星是世界上应用最早、应用最广的卫星之一，美国、俄罗斯和中国等众多国家都发射了通信卫星。

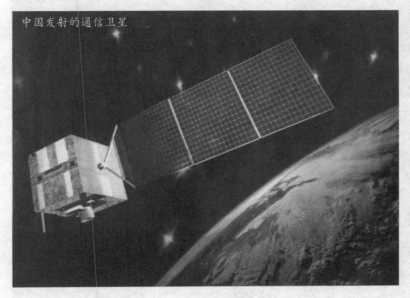

中国发射的通信卫星

作为无线电通信中继站，通信卫星像一个国际信使，收集来自地面的各种"信件"，然后再"投递"到另一个地方的用户手里。由于它是"站"在36000千米的高空，所以它的"投递"覆盖面特别大，一颗卫星就可以负责 1/3地球表面的通信。如果在地球静止轨道上均匀地放置3颗通信卫星，便可以实现除南北极之外的全球通信。当卫星接收到从一个地面站发来的微弱无线电信号后，会自动把它变成大功率信号，然后发到另一个地面站，或传送到另一颗通信卫星上后，再发到地球另一侧的地面站上，这样，我们就收到了从很远的地方发出的信号。

通信卫星

通信卫星一般采用地球静止轨道，这条轨道在地球赤道上空 35786千米处。卫星在这条轨道上以每秒3075米的速度自西向东绕地球旋转，绕地球一周的时间为 23小时56分4秒，恰与地球自转一周的时间相等。因此从地面上看，卫星像挂在天上不动，这就使地面接收站的工作方便多了。接收站的天线可以固定对准卫星，昼夜不间断地进行通信，不必像跟踪那些移动不定的卫星一样四处"晃动"，使通信时间时断时续。现在，通信卫星已承担了全部洲际通信业务和电视传输。

通信卫星是世界上应用最早、应用最广的卫星之一，许多国家都发射了通信卫星。

1965年美国成功发射了世界第一颗实用静止轨道通信卫星"国际通信卫星1号"。到目前为止，这种类型的卫星已发展到了第八代，每一代都在

闪电号

体积、重量、技术性、通信能力、卫星寿命等方面有一定提高。

前苏联通信卫星命名为"闪电号"。包括"闪电1号"、"闪电2号"、"闪电3号"等。由于前苏联国土辽阔，"闪电号"卫星大多数不在静止轨道上，而在一条偏心率很大的椭圆轨道上。

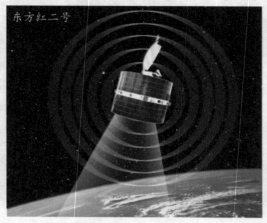

东方红二号

1984年4月8日，中国发射了第一颗静止轨道通信卫星"东方红二号"，至今已发射成功了5颗。这些卫星先后承担了广播、电视信号传输、远程通讯等工作，为国民经济建设发挥了巨大作用。

 知识卡片

地球自转

地球自转是指地球绕自转轴自西向东的转动，从北极点上空看呈逆时针旋转，从南极点上空看呈顺时针旋转。关于地球自转的各种理论目前都还是假说。地球自转是地球的一种重要运动形式，自转的平均角速度为 $7.292×10-5$ 弧度/秒，在地球赤道上的自转线速度为 465米/秒。地球自转一周耗时23小时56分，约每隔10年自转周期会增加或者减少3‰～4‰秒。一般而言，地球的自转是均匀的。

偏心率

偏心率是指偏心距与半径间隙之比值，即某一椭圆轨道与理想圆环的偏离，长椭圆轨道偏心率高，而近于圆形的轨道偏心率低。偏心率用来描述轨道的形状。

三、气象卫星

气象卫星是指从太空对地球及其大气层进行气象观测的人造地球卫星，是卫星气象观测系统的空间部分。卫星所载各种气象遥感器，接收和测量地球及其大气层的可见光、红外和微波辐射，并将其转换成电信号传送给地面站。地面站将卫星传来的电信号复原，绘制成各种云层、地表和海面图片，再经进一步处理和计算，得出各种气象资料。气象卫星按轨道的不同分为太阳轨道（极轨道）气象卫星和地球静止轨道气象卫星；按是否用在军事目的分为军用气象卫星和民用气象卫星。

气象卫星观测范围广，观测次数多，观测时效快，观测数据质量高，不受自然条件和地域条件限制，它所提供的气象信息已广泛应用在日常气象业务、环境监测、防灾减灾、大气科学、海洋学和水文学的研究。气象卫星也是世界上应用最广的卫星之一，美国、俄罗斯、法国和中国等众多国家都发射了气象卫星。

"风云2号"气象卫星

卫星开始携带气象仪器， 1960年，美国首先发射了第一颗人造试验气象卫星。至今，全世界已经形成了一个全球性的气象卫星网，消灭了全球4/5地方的气象观测空白区，使人们能准确地获得连续的、全球范围内的大气运动规律，做出精确的气象预报，大大减少灾害性损失。据不完全统计，如果

台风

对自然灾害能有3～5天的预报，就可以减少农业方面的30%～50%的损失，仅农、牧、渔业就可年获益1.7亿美元。例如，自1982年至1983年，在中国登陆的33次台风无一漏报。1986年在广东汕头附近登陆的8607号台风，由于预报及时准确，减少损失达10多亿元。

1960年，美国发射了世界上第一颗试验性气象卫星"泰罗斯1号"。这颗试验气象卫星呈18面柱体，高48厘米，直径107厘米。卫星上装有电视摄像机、遥控磁带记录器及照片资料传输装置。它在700千米高的近圆轨道上绕地球运转1135圈，共拍摄云图和地势照片22952张，有用率达60%。具有当时最优秀的技术性能。美国从1960年到1965年间，共发射了10颗"泰罗斯号"气象卫星，其中只有最后两颗才是太阳同步轨道卫星。1966年，美国研制并发射了第一颗实用气象卫星"艾萨1号"，它是美国第二代太阳同步轨道气象卫星，轨道高度约1400千米，云图的星下点分辨率为4000米。从1966到1969年间共发射了9颗，获得了大量气象资料。它的发射成功开辟了世界气象卫星研制的新领域，大大减少了由于气象原因造成的各种损失。

气象卫星"泰罗斯号"

知识卡片

可见光

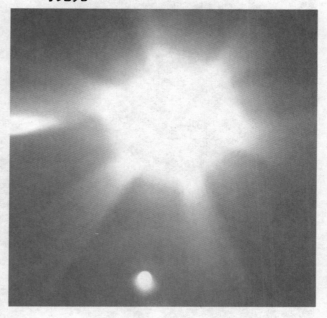

可见光是电磁波谱中人眼可以感知的部分，可见光谱没有精确的范围，一般人的眼睛可以感知的电磁波的波长在400～700纳米之间，但还有一些人能够感知到波长大约在380～780纳米之间的电磁波。正常视力的人眼对波长约为555纳米的电磁波最为敏感，这种电磁波处于光学频谱的绿光区域。人眼可以看见的光的范围受大气层影响。大气层对于大部分的电磁波辐射来讲都是不透明的，只有可见光波段和其他少数如无线电通讯波段等例外。不少其他生物能看见的光波范围跟人类不一样，例如包括蜜蜂在内的一些昆虫能看见紫外线波段，对于寻找花蜜有很大帮助。

微波辐射

微波辐射指任何物体在向外辐射红外线的同时，也辐射微波。微波辐射特点如下：

（1）微波与红外线相对，是物体低温条件下的重要辐射特性，温度越低，微波辐射越强。

（2）微波辐射的强度比红外辐射的强度弱得多，需要经过处理才能够使用接收器接收。

（3）在遥感技术运用中，不同地物间的微波辐射差异较红外辐射差异更大，因此微波可以帮助识别在可见光与红外波段难以识别的地物。

（4）微波的频率为300MHz～300GHz，它在电磁波波谱的红外辐射光波和无线电波之间，因而只能激发分子的转动能级跃迁。

卫星云图

　　卫星云图是指由气象卫星自上而下观测到的地球上的云层覆盖和地表面特征的图像。利用卫星云图可以识别不同的天气系统，确定它们的位置，估计其强度和发展趋势，为天气分析和天气预报提供依据。在海洋、沙漠、高原等缺少气象观测台站的地区，卫星云图所提供的资料，弥补了常规探测资料的不足，对提高预报准确率起了重要作用。

电信号

　　电信号是指随着时间而变化的电压或电流，因此在数学描述上可将它表示为时间的函数，并可画出其波形。信息通过电信号进行传送、交换、存储、提取等。电子电路中的信号均为电信号，一般也简称为信号。由于非电的物理量可以通过各种传感器较容易地转换成电信号，而电信号又容易传送和控制，所以使其成为应用最广的信号。

四、导航卫星

第2章 人造卫星的分类

　　导航卫星是从卫星上连续发射无线电信号，为地面、海洋、空中和空间用户导航定位的人造地球卫星，是卫星导航系统的空间部分。导航卫星装有专用的无线电导航设备，用户接收导航卫星发来的无线电导航信号，通过时间测距或多普勒测速分别获得用户相对卫星的距离或距离变化率等导航参数，并根据卫星发送的时间、轨道参数，求出在定位瞬间卫星的实时位置坐标。由数颗导航卫星构成导航卫星网（导航星座），具有全球和近地空间的立体覆盖能力，实现全球无线电导航。

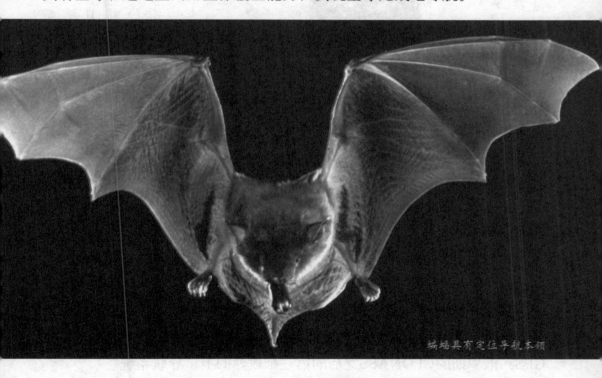

蝙蝠具有定位导航本领

　　导航卫星按是否接收用户信号分为主动式导航卫星和被动式导航卫星；按导航方法分为多普勒测速导航卫星和时差测距导航卫星；按轨道分

为低轨道导航卫星、中高轨道导航卫星、地球同步轨道导航卫星。世界四大卫星导航系统是美国的全球定位系统（GPS）、俄罗斯的全球导航卫星系统、欧洲航天局的伽利略卫星定位系统和中国的北斗导航卫星定位系统。

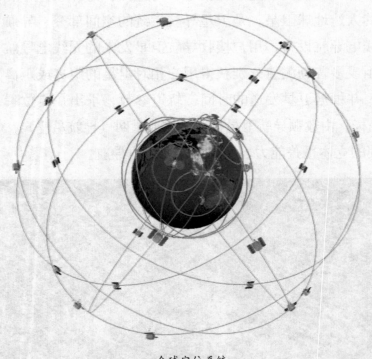

全球定位系统

1960年4月，美国发射了第一颗导航卫星子午仪1B。此后，美国、前苏联先后发射了子午仪宇宙导航卫星系列。通过国际间合作还发射了具有定位能力的民用交通管制和搜索营救卫星系列。美国全球定位系统（GPS）和前苏联全球导航卫星系统（GLONASS）是以卫星星座作为空间部分的全球全天候导航定位系统。GPS采用18颗工作星和3颗备份星组成GPS空间星座。GLONASS采用24颗工作星和3颗备份星组成GLONASS空间星座。

目前中国也有了自己的导航卫星——"北斗导航卫星定位系统"，是区域性有源三维卫星定位与通信系统，英文缩写CNSS。它是继美国的GPS、俄罗斯的CLONASS之后的第三个成熟的卫星导航系统。

那么，导航卫星是怎么发展起来的呢？这就要从指南针说起。指南针作为我国古代劳动人民的四大发明之一，不仅帮助我国古代人民远涉重洋同世界各国人民架起了友谊的桥梁，而且对世界文明的发展作出了贡献。

指南针的奥秘在哪里呢？原来，所有磁体都具"同极性相斥、异极性相吸"的特性，而地球本身就是一个大磁体，这个大磁体和小磁针由于"同性相斥，异性相

指南针

吸"，磁针的南极总是指向地球的北极，即指向南方。指南针因此成了人类导航的工具。

根据指南针的原理做成的船舶导航仪器就叫罗盘（磁罗盘）。把一根磁棒用支架水平支撑起来，上面固定着一个从0～360度的刻盘，再用一航向标线代表船舶的纵轴，这就是一个简单的磁罗盘。刻度盘上的0度与航向标线之间

罗盘

的夹角叫作航向角，表示船舶以地磁极为基准的方向。这样，在茫茫大海中航行的船舶，可根据夹角的大小判断出航行的方向。 但是，由于地磁场分布不均，常使磁罗盘产生较大的误差。

卫星定位系统即全球定位系统，就是使用卫星对某物进行准确定位的技术。它可以保证在任意时刻，地球上任意一点都可以同时观测到4颗卫星，以便实现导航、定位、授时等功能。可以用来引导飞机、船舶、车辆以及个人，安全、准确地沿着选定的路线，准时到达目的地，还可以应用到手机追寻等。

卫星导航系统

司南

指南针是用以判别方位的一种简单仪器，又称指北针。指南针的前身是中国古代四大发明之一的司南。它的主要组成部分是一根装在轴上可以自由转动的磁针。磁针在地磁场作用下能保持在磁子午线的切线方向上，磁针的北极指向地理的北极，利用这一性能可以辨别方向，常用于航海、大地测量、旅行及军事等方面。

伽利略定位系统

伽利略定位系统是欧盟一个正在建造中的卫星定位系统，有"欧洲版GPS"之称，也是继美国现有的"全球定位系统"（GPS）及俄罗斯的GLONASS系统外，第三个可供民用的定位系统。伽利略系统的基本服务有导航、定位、授时；特殊服务有搜索与救援；扩展应用服务系统有在飞机导航和着陆系统中的应用、铁路安全运行调度、海上运输系统、陆地车队运输调度、精准农业等。2010年1月7日，欧盟委员会称，欧盟的伽利略定位系统将从2014年起投入运营。

北斗卫星导航系统

北斗卫星导航系统是中国自行研制开发的区域性有源三维卫星定位与通信系统（CNSS），是除美国的GPS、俄罗斯的GLONASS之后第三个成熟的卫星导航系统。它可在全球范围内全天候、全天时为各类用户提供高精度、高可靠的定位、导航、授时服务，并兼具短报文通信能力。第八颗和第九颗北斗卫星在2011年被"长征三号"甲运载火箭送入太空预定转移轨道。北斗卫星导航系统将在2020年形成全球覆盖能力。

20世纪初无线电技术的兴起，给导航技术带来了根本性的变革。人们开始采用无线电导航

罗盘

船舶无线导航仪

仪代替古老的磁罗盘。由于无线电波不受天气好坏的影响，它在白天夜里都可以传播，所以信号的收、发可以全天候。用无线电导航的作用距离可达几千千米，并且精度比磁罗盘高，因此被广泛使用。但是，无线电波在大气中传播几千千米的过程中，受电离层折射和地球表面反射的干扰较大，所以，它的精度还不是很理想。

当今，每天都有数以百计的船舶航行在茫茫的海洋里。不幸的是全世界大型轮船中，每年都有几百艘在海上遇险。其中有半数事故是由于航行原因造成的，使世界商船队里每年都有几十艘船沉没。最常见的一种

船舶搁浅

无线电导航仪用在航海

事故就是搁浅。它在沉没的船只中所占比例比较大。另一种航海事故是碰撞，特别是在海岸附近、窄水道区和港口通道上更容易发生，当然，这与船只不断增加也有关。由于昼夜或浓雾中航行，船只碰撞的危险时刻存在。

虽然航海技术和设备在不断完善，但仍不能满足今天的要求。现在航道上出现的差错，不仅给船只和乘员带来巨大的危险，而且常常给周围环境、海洋中的动物世界带来巨大的危害。从超级油轮上流出的石油，有时把沿海几千米的水面都给盖住了，并引起几千种海洋动物和鸟类的死亡。

正因为如此，人们请求卫星来帮忙。1958年初，美国科学家在跟踪第一颗人造地球卫星时，无意中发现收到的无线电信号有多普勒效应，就是卫星飞近地面接收机时，收到的无线电信号频率逐渐升高；卫星远离后，频率就变低。这一有趣的发现，揭开了人类利用人造地球卫星进行导航定位的新纪元。卫星定位导航，是由地面物体通过无线电信号沟通自己与卫星之间的距离，再用距离变化率计算出自己在地球或空间的位置，进而确定自己的航向。这种设在天上的无线电导航台，就是现在的导航卫星，也可以说是当今的"罗盘"。目前已有不少国家利用人造地球卫星导航。这种导航方法的优点主要是：可以为全球船舶、飞机等指明方

导航卫星

向，导航范围遍及世界各个角落；可全天候导航，在任何恶劣的气象条件下，昼夜均可利用卫星导航系统为船舶指明航向；导航精度远比磁罗盘高，误差只有几十米；操作自动化程度高，不必使用任何地图即可直接读出经、纬度；导航设备小，很适宜在舰船上安装使用。于是，卫星导航系统应运而生了。

卫星信号接收器

知识卡片

矢量

矢量是指有大小又有方向的量。一般来说，在物理学中称作矢量，在数学中称作向量。在计算机中，矢量图可以无限放大永不变形。

分量

把一个向量分解成几个方向的向量的和，那些方向上的向量就叫做向量的分量。

电离层

电离层是地球大气的一个电离区域。60千米以上的整个地球大气层都在部分电离或完全电离的状态，电离层是部分电离的大气区域，完全电离的大气区域称磁层。也有人把整个电离的大气称为电离层，这样就把磁层看作是电离层的一部分。除地球外，金星、火星和木星都有电离层。电离层从离地面约50千米开始一直伸展到约1000千米高度的地球高层大气空域，其中存在相当多的自由电子和离子，能使无线电波改变传播速度、发生折射、反射和散射，产生极化面的旋转并受到不同程度的吸收。

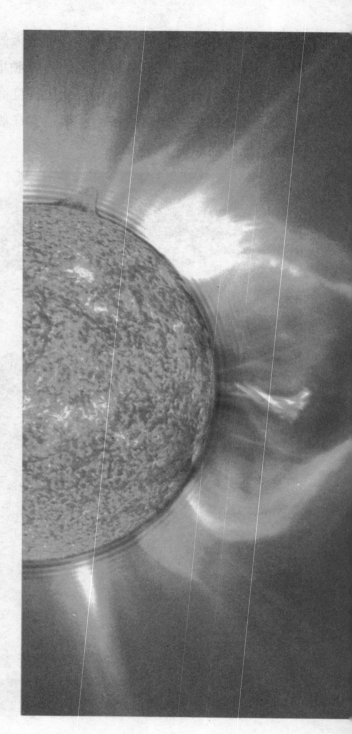

电离层与磁层

<table>
<tr><td>第2章
人造卫星的
分类</td><td></td></tr>
</table>

五、军用卫星

军用卫星是专门用在各种军事目的的人造地球卫星，是发射时间最早、发射数量最多的人造地球卫星之一。军用卫星从20世纪50年代末出现到90年代直接参加局部战争，已经发展成为一些国家现代作战指挥系统和战略武器系统的重要组成部分，被喻为现代信息战的军事力量倍增器。

军事卫星按用途的不同分为侦察卫星、军用通信卫星、军用导航卫星、军用气象卫星、军用测地卫星、预警卫星、截击卫星、反卫星卫星和核爆炸探测卫星等。军用卫星的主要发展趋势是将各类卫星组成一体化天基信息网，提高信息获取能力、传输能力和融合能力，增强生存能力、抗干扰能力和工作寿命。美国和俄罗斯等国发射了大量的军用卫星。

"斯普特尼克1号"卫星

1957年，前苏联发射了世界上第一颗人造卫星——"斯普特尼克1号"。1958年，美国的人造卫星"探险者1号"发射成功，

"探险者1号"卫星

此后，美、苏认识到卫星在军事上的重要价值，在50年代末开始研究和试验军用卫星。

照相侦察卫星

它是装有光学成像的空间遥感设

备，进行侦察和获取军事情报的人造地球卫星，常用的遥感设备有可见光照相机、电视摄像机、红外照相机、多光谱照照相机和微波遥感设备等。

世界上第一颗照相侦察卫星是美国的"发现者1号"卫星，在1959年发射成功。"发现者1号"是一颗试验性侦察卫星。1960年，美国又发射了"发现者13号"试验侦察卫星。"发现者13号"接受地面指令控制，弹射出一个装有照相胶卷的密封舱，再进入大气层，并在海上回收成功。这是人类从太空收回的第一卷照相胶卷。

由于卫星技术、光学遥感技术、信息传输技术和图像处理技术的进步，使照相侦察卫星性能有了很大提高。由于卫星轨道运行时间长，侦察覆盖面广，且飞行不受国界限制，又没有驾驶人员的生命安全问题，所以目前在美国，卫星已取代了大部分有人驾驶飞机来执行照相侦察任务。

电子侦察卫星

它是装有电子侦察设备，用于侦察雷达和其他无线电设备的位置与特性，截收对方遥测和通信等机密信息的侦察卫星。

美国在早期的"发现者"系列卫星上曾进行过电子侦察的试验，1962年发射的"搜索者号"是世界上最早的实用侦察卫星，在现代战争中，电子侦察卫星已成为获得情报所不可缺少的手段。1991年海湾战争中，美国在空袭伊拉克前几个月就开始通过电子侦察卫星搜集掌握了大量的伊军电子情报。

海湾战争

美国利用这些情报在空袭前几十分钟开始对伊展开电子战，使伊大部分雷达受到强烈干扰而无法正常工作，无线电通信全部瘫痪，连巴格达电台的广播也因干扰而无法听清。据报道，萨达姆与前线作战指挥官的通话，甚至战场分队之间的通话，均被美国的电子侦察卫星所窃听。

"军号"电子侦察卫星

预警卫星

　　它是用于监视和发现敌方来袭的战略导弹并发出警报的侦察卫星。它能延长预警时间，便于及时组织战略防御和反击。美国1960年发射的"发现者19号"和"发现者21号"卫星进行了有关预警卫星的试验。1961

年，美国发射"米达斯3号"卫星成功，成为世界上第一颗预警卫星。在1968年到1970年间，美国又成功发射了3颗"匿名者号"预警卫星。"匿名者"为准地球同步轨道，只需部署2颗即可随时发现苏联境内所有的导弹发射情况。

美国第三代导弹预警卫星

1991年海湾

战争中，美国"爱国者"导弹有效地拦截了伊拉克发射的"飞毛腿"战术弹道导弹，其中就有预警卫星的功劳。"飞毛腿"从伊拉克打到以色列的特拉维夫仅需5分钟，给防空导弹留下的拦截时间很短，而美国预警卫星可在"飞毛腿"发射后1分钟之内即向海湾地区的美军指挥部报警并提供飞行数据。

"爱国者"导弹

海洋监视卫星

它是用于监视海上舰只潜艇活动、侦察舰艇雷达信号和无线电通信的侦察卫星。世界上第一颗海洋监视卫星是前苏联在1967年发射的 "宇宙198号"卫星，这是一颗试验卫星。前苏联的海洋监视卫星从1973年后进入实用阶段。

军用通信卫星

它是作为空间无线电通信站，担负各种通信任务的人造地球卫星。卫星通信具有通信距离远、容量大、质量好、可靠性高、保密性强、生存能力好、灵活机动等特点。

1958年，美国发射了世界上第一颗通信卫星 "斯科尔号"。这颗试验性卫星成功地将当时美国总统艾森豪威尔的圣诞节献词发送回了地球。世界上最早的地球同步轨道通信卫星是美国的"辛康号"卫星。1963年，发射的 "辛康1号"仅获部分成功。同年发射的 "辛康2号"获完全成功。它当时主要用在侵越美军与五角大楼之间的作战通信，从此卫星通信卫星具有通信范围大的优点，在赤道上空等距离布设3颗卫星，就可实现除南北极之外的全球通信。中国在1984年和1986年先后发射了试验性和实用性地球同步通信卫星。

越南战争

海湾战争

海湾战争，1991年1月17日～2月28日，是以美国为首的多国联盟在联合国安理会授权下，为恢复科威特领土完整而对伊拉克进行的局部战争。1990年8月2日，伊拉克军队入侵科威特，推翻科威特政府并宣布吞并科威特。以美国为首的多国部队在取得联合国授权后，于1991年1月16日开始对科威特和伊拉克境内的伊拉克军队发动军事进攻，主要战斗包括历时42天的空袭，在伊拉克、科威特和沙特阿拉伯边境地带展开的历时100小时的陆战。多国部队以较小的代价取得决定性胜利，重创伊拉克军队。伊拉克最终接受联合国660号决议，并从科威特撤军。

电子战是指敌对双方争夺电磁频谱使用权和控制权的军事斗争，包括电子侦察与反侦察、电子干扰与反干扰、电子欺骗与反欺骗、电子隐身与反隐身、电子摧毁与反摧毁等。保证己方使用电磁频谱，防止敌方使用电磁频谱的斗争成为现代战争的

电子战

第四维战场，大规模电子战将贯穿于战争的始终。

巴格达，伊拉克首
都，巴格达省省会，伊
斯兰世界历史文化名
城。巴格达跨底格里斯
河两岸，距幼发拉底河
仅30多千米，处于东西
方的交通要道，铁路、
公路和航空构成陆地和
空中的立体运输，十分
便捷。铁路向北通往叙

巴格达

利亚和土耳其，向南延伸至波斯湾，也是国际东方快车的必经之地。在
中东地区位于开罗、德黑兰和伊斯坦布尔之后列第四位。

战略导弹

战略导弹是指用在打击
战略目标的导弹。它是战略
武器的主要组成部分。通常
携带核弹头，战略弹道导弹
射程通常在1000千米以上，
用在打击政治和经济中心、
军事和工业基地、核武器
库、交通枢纽等目标，以及
拦截来袭战略弹道导弹。 战略核导弹是衡量一个国家战略核力量和军事
科学技术综合发展能力的主要标志之一。

制导

导引和控制飞行器按一定规律飞向目标或预定轨道的技术和方法。制

导过程中，导引系统不断测定飞行器与目标或预定轨道的相对位置关系，发出制导信息传递给飞行器控制系统，以控制飞行。可分有线制导、无线电制导、雷达制导、红外制导、激光制导、音响制导、地磁制导、惯性制导和天文制导等。

美国五角大楼

五角大楼，又称五角大厦，位于美国华盛顿特区西南方的西南部波托马克河畔的阿灵顿区，是美国国防部办公地，美国最高军事指挥机关所在地。在2001年发生的911事件中，五角大楼遭到袭击。

军用导航卫星

它是通过发射无线电信号，为地面、海洋和空中军事用户导航定位的人造地球卫星。军用导航卫星原先主要为核潜艇提供在各种气象条件下的全球定位服务，现在也能为地面战车、空中飞机、水面舰艇、地面部队及单兵提供精确的所处位置和时间的信息。

世界上第一颗导航卫星是美国海军的"子午仪-7A号"卫星，它在1959年发射升空，它是试验性卫星，第一颗实用导航卫星是1960年发射的"子午仪B号"。美国共发射了约30颗"子午仪"卫星，在1964年7月组成导航卫星网，正

航母舰队

式投入使用。它可使全球任何地点的用户平均每隔1．5小时利用卫星定位一次，导航定位精度为20～50米。

美国国防部队从1978年2月开始发射"导航星"系列导航卫星，部署"导航星"新一代全球定位系统（GPS）。卫星网由18颗"导航星"组成，可使任何地点或近地空间的用户在任何时候都能接收到至少4颗卫星的信号，以保证全球覆盖、三维定位和连续导航。它的定位精度为16米，是目前最先进的卫星导航系统。在海湾战争中，美国的飞机、巡航导弹、舰艇、地面部队和执行其他任务的军用卫星都曾利用"导航星"系统进行了精确的导航定位。

军用气象卫星

它是为军事需要提供气象资料的卫星。它可提供全球范围的战略地区和任何战场上空的实时气象资料，具有保密性强和图像分辨率高的特点。世界上第一颗气象卫星是美国1960年发射的"泰罗斯1号"卫星，这是一颗军民合用的试验卫星。1965年，美国发射成功世界上第一颗实用性军用气象卫星"布洛克1号"。由2颗"布洛克"卫星组成的全球性气象卫星网，负责向美军实时

气象卫星云图

或非实时提供全球气象数据。照相侦察卫星也是它的主要用户，气象卫星可准确预报几小时后待侦察地区的天气情况。

军用测地卫星

它是为军事目的而进行大地测量的人造地球卫星。地球的真实形状及大小、重力场和磁力场分布情况、地球表面诸点的精确地理坐标及相关位置等，对战略导弹的弹道计算和制导关系甚大，测地卫星就是用于探测上述参数的航天器，它可测定地球上任何一点的坐标和地面及海上目标的坐标。

世界上第一颗专用测地卫星，是美国1962年发射的"安娜1B号"卫星。这颗星的测地坐标精度优于10米，设计工作寿命为500年。

知识卡片

密封舱

　　飞行器中用以保证人在高空或宇宙空间正常生活的安全设备。宇宙飞船的密封舱是一个封闭系统，外表面覆有绝热保护层，座舱设有快速开启的舱门和用耐热玻璃保护的舷窗。舱内采用再生式供气，并有环境调节系统。高空飞行飞机的密封舱，又称"气密舱"或"增压舱"，由增压调压系统向舱内输入增压空气，大型飞机还有湿度调节装置。

密封舱

核潜艇

核潜艇

核潜艇是核动力潜艇的简称，核潜艇的动力装置是核反应堆。世界上第一艘核潜艇是美国的"鹦鹉螺号"，1957年1月17日开始试航，它宣告了核动力潜艇的诞生。核潜艇的出现和核战略导弹的运用，使潜艇发展进入一个新阶段。

分辨率

分辨率就是屏幕图像的精密度，是指显示器所能显示的像素的多少。由于屏幕上的点、线和面都是由像素组成的，显示器可显示的像素越多，画面就越精细，同样的屏幕区域内能显示的信息也越多，所以分辨率是个非常重要的性能指标之一。可以把整个图像想象成是一个大型的棋盘，而分辨率的表示方式就是所有经线和纬线交叉点的数目。

第3章

人造卫星的原理

一、人造卫星的飞行原理

地球对周围的物体有引力的作用，因而抛出的物体要落回地面。但是，抛出的速度越大，物体就会飞得越远。牛顿在思考万有引力定律时就曾设想过，从高山上用不同的水平速度抛出物体，速度一次比一次大，落地点也就一次比一次离山脚远。如果没有空气阻力，当速度足够大时，物体就永远不会落到地面上来，它将围绕地球旋转，成为一颗绕地球运动的人造地球卫星。

牛顿在他的著作中绘制了一幅人造卫星的原理图。人造卫星在地面附近绕地球作匀速圆周运动所必须具有的速度，叫做第一宇宙速度，也叫环绕速度，等于7.9千米/秒。它是物体在地面附近贴近地面绕地心作匀速圆周运动的速度。它也是人造地球卫星的最小发射速度。

牛顿

牛顿绘制的人造卫星原理图

如果人造卫星进入地面附近的轨道速度大于7.9千米/秒，而小于11.2千米/秒，它绕地球运动的轨迹就不是圆形，而是椭圆。当物体的速度等于或大于11.2千米/秒时，就会脱离地球引力，不再绕地球运行，我们把这个速度叫做第二宇宙速度，也叫脱离速度。达到第二宇宙速度的物体还要受到太阳的引力，要想使物体挣脱太阳引力的束缚，飞到太阳系以外的宇宙空间去，必须使它的速度等于或者大于16．7千米/秒，这个速度叫做第三宇宙速度，也叫逃逸速度。

人造地球卫星能在地球轨道上运行，首先是因为它具有第一宇宙速度（7.9千米／秒），还有就是因为地球的引力（向心力）一直拉着它，正像细绳子拉着石子一样。如果卫星飞行速度快，离心力超

卫星绕地球飞行

过地球引力时，卫星就会脱离地球飞向远方的太空。

 **知识卡片**

万有引力定律

万有引力定律是艾萨克·牛顿在1687年在《自然哲学的数学原理》上发表的。牛顿的普适万有引力定律表示如下：任意两个质点通过连心线方向上的力相互吸引。该引力的大小与它们的质量乘积成正比，与它们距离的平方成反比，与两物体的化学本质或物理状态以及中介物质无关。万有引力定律是解释物体之间的相互作用的引力的定律，是物体（质点）间由于它们的引力质量而引起的相互吸引力所遵循的规律。

离心力

离心力指由于物体旋转而产生脱离旋转中心的力，也指在旋转参照系中的一种视示力，它使物体离开旋转轴沿半径方向向外偏离，数值等于向心加速度，但方向相反。

二、人造卫星的工作原理

人造卫星在太空中是怎么运行的呢？简单地说，首先火箭必须以第一宇宙速度（7.9千米/秒）的速度把卫星送入预定轨道并给予一定的初速度后星箭分离，人造卫星在运行一段时间后由于地心引力与阻力的影响关系，速度会减低，导致高度下降，此时必须靠卫星内藏的小型火箭将卫星推回到要求的运行高度。其实每颗人造卫星都内藏有小型火箭或高压空气推进装置，用在补充速度或修正姿态，而这些操作都是由地球上的监控中心通过无线电向卫星发送指令实现的。当卫星内预存的燃料耗尽后，卫星将逐渐被地球吸引而降低轨道高度，直至坠毁在地球表面上。

星箭分离

太阳能帆板

由于卫星的体积很小，内置推进装置携带的燃料也很有限，只是在关键的时候才开启一下，那么平时都是什么力让人造卫星运行的呢？这里就涉及动能和重力势能的概念。人造卫星的质量与环绕地球飞行速度所产生的离心力，与地球引力对此卫星所产生的吸引力，两者平衡的话，人造卫星将维持在此特定高度的轨道上运行，这就是牛顿万有引力定律的应用。

当然我们发射卫星的目的是让它们更有效地为人类服务，而不仅仅是让它在太空中运行如此简单。卫星内部各种仪器装备的正常运行就必须有充足的电力支持，当然这些电力的来源只能是照到卫星表面的太阳能并把它转化为电能，因此太阳能电池的好坏对整颗卫星的命运来讲是至关重要的，不过也有个别技术先进的卫星携带小型的核反应装置。而人造卫星要能完成任务，必须有各种次系统的配合，和人工作原理一样，需要看（传感器），需要听（天线），需要走（火箭），需要能量（太阳能板），需要想（计算机），因此地面控制人员就能有效地对卫星发出各项指令了。

其实在太空运行还要考虑一个重要的问题——温差。卫星对着太阳的一面温度高达200℃，而背着太阳的那一面温度却是−200℃，这么大的温差很容易损坏人造卫星上的设备。科学家最终解决这个难题还是受蝴蝶的启发，蝴蝶身体上有一层极其细小的鳞片，每当气温上升，阳光照射到这些鳞片上时，这些很小的鳞片会自动地张开，以减小阳光的辐射角度，从而减少对阳光热能的吸收；而当外界的气温过低的时候，这些鳞片则会自动地闭合，让阳光直接照射到鳞片上，以便能够吸收足够多的热量。这样，即便气温变化很大，蝴蝶依然能够把自己的体温控制在一个正常的范围内。科学家就在卫星上也设计了一种与蝴蝶鳞片相似的控温系统，外形犹如百叶窗，每个叶片是两面的，但是辐射、散热的能力却又不同，一面很大，一面很小。百叶窗的转动部分由很灵敏的热胀冷缩的金属丝控制，起到遇热降温、遇冷保温的作用。

蝴蝶鳞片

卫星的工作主要由轨道参数来确定。主要卫星轨道参数包括，近地点、远地点、周期和倾角。近地点和远地点限定卫星的轨道高度。卫星轨道高度又表明卫星的使命。近地点是航天器绕地球运行的椭圆轨道上距地心最近的一点。近地点与地球表面的距离称为近地点高度。为避免航天器过早陨落，轨道近地点高度通常超过180千米。远地点是航天器绕地球运行的椭圆轨道上距地心最远的一点。远地点与地球表面的距离称为远地点高度。

近地点远地点

　　60年代发射的核爆炸探测卫星的轨道高度为96560千米（地球到月球距离的1／4），这样，卫星便可获得对地面观察的最大视界。通信卫星被置在35888千米，即地球同步高度，这样，它可一直"固定"在同一地域的上空。气象卫星的轨道高度为966～1287千米，以求得对地面的大范围覆盖。而为了近距离观察，间谍卫星则采用161～483千米的轨道高度。近地点与远地点的差也表明卫星的任务。例如，典型的间谍卫星的近地点低到129千米，以便尽可能低地对地面进行观察。

　　除了明显的特例，所有通信卫星都运行在35888千米的轨道上，因为在那个高度上，它以每小时28968千米的速度绕地球一圈，所需的时间恰好等于地球自转的周期——约24小时。如果卫星与赤道成一线运动，它将与地球同步，或称相对静止——"固定"在地球上某一点的上空。明显的特例是前苏联"闪电"卫星的轨道。只有当卫星运行在赤道上方，它才可能与地球同步，然而前苏联的大部分地区处于高纬度，落在赤道上空的同步卫星的视界之外。为通信需要，苏联设计了远地点为40233千米、近地点为483千米的大椭圆轨道。卫星不与赤道成一线运动，而是与赤道构成夹角，以使卫星在北半球飞越苏联，在南半球飞越南极洲。"闪电"的轨道周期是12小时。

知识卡片

动能

物体由于运动而具有的能叫动能。它通常被定义成使某物体从静止状态至运动状态所做的功。它的大小是运动物体的质量和速度平方乘积的1/2。

重力势能

物体由于被举高而具有的能叫做重力势能。对于重力势能，其大小由地球和地面上物体的相对位置决定。物体质量越大、位置越高、做功本领越大，物体具有的重力势能就越大。

百叶窗

百叶窗是窗子的一种式样，源自中国。中国古代建筑中有直棂窗，从战国到汉代各朝代都有运用。直条的叫直棂窗，还有横条的叫卧棂窗。卧棂窗即百叶窗的一种原始式样，也可以说它是百叶窗原来的形态。

三、卫星轨道

　　要使卫星飞行的离心加速度所形成的力（离心惯性），正好抵消（平衡）地心引力。这时，卫星飞行的水平速度叫第一宇宙速度，即环绕速度。反过来说，卫星只要获得这一水平方向的速度后，不需要再加动力就可以环绕地球飞行。这时卫星的飞行轨迹叫卫星轨道。卫星轨道平面通过地球中心。如果速度稍大一些，则形成椭圆形轨道，如果达到逃逸速度，则为抛物线轨道，那时它将绕太阳飞行成为人造行星；如果达到第三宇宙速度，则为双曲线轨道，与太阳一样而绕银河系中心飞行了。

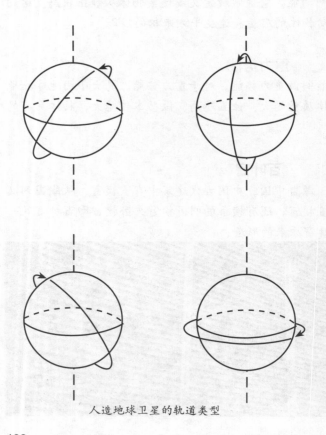

人造地球卫星的轨道类型

　　就人造地球卫星来说，其轨道按高度分低轨道、中高轨道和高轨道，按地球自转方向分顺行轨道和逆行轨道。这中间有一些特殊意义的轨道，如赤道轨道、地球同步轨道、对地静止轨道、极地轨道和太阳同步轨道等。

　　近地轨道，又称低地轨道，是指航天器距离地面高度较低的轨道。近地轨道没有公认的严格定义。一般高度在2000千米以下的近圆形轨道都可以称之为近地轨道。由于近地轨道卫星离地面较近，绝大多数对地观测卫星、测地卫星、空间站以及一些新的通信卫星系统都采用近地轨道。中高轨道，是位于低地轨道（2000千米）和地球静止轨道（35786千米）之间的人造卫星运行轨道。高轨道卫星是轨道高度在20000千米以上的卫星或卫星群（星座）。

轨道高度为35786千米时，卫星的运行周期和地球的自转周期相同，这种轨道叫地球同步轨道。如果地球同步轨道的倾角为0度，则卫星正好在地球赤道上空，以与地球自转相同的角速度绕地球飞行，从地面上看，好像是静止的，这种卫星轨道叫对地静止轨道，它是地球同步轨道的特例。对地静止轨道只有一条。

轨道倾角为零，轨道平面与地球赤道平面重合，这种轨道叫赤道轨道。极轨卫星是指运行轨道与地球赤道面相垂直，不经过两极的卫星。它与地球东部卫星的运行轨道相垂直，主要任务是对两极进行卫星监测。

卫星轨道

人造卫星绕地球飞行的速度快，低轨道和中高轨道卫星一天可绕地球飞行几圈到十几圈，不受领土、领空和地理条件限制，视野广阔，能迅速与地面进行信息交换，包括地面信息的转发，也可获取地球的大量遥感信息，一张地球资源卫星图片所遥感的面积可达几万平方千米。

除近地轨道外，人造卫星的运行轨道通常有三种：地球同步轨道、太阳同步轨道、极轨轨道。

地球同步轨道是运行周期与地球自转周期相同的顺行轨道。但地球静止轨道是一种十分特殊的轨道。一般通信卫星、广播卫星、气象卫星选用这种轨道比较有利。地球同步轨道有无数条，而地球静止轨道只有一条。

太阳同步轨道是绕着地球自转轴，方向与地球公转方向相同，旋转角速度等于地球公转的

地球同步轨道运行的卫星

平均角速度（360度/年）的轨道，它距地球的高度不超过6000千米。在这条轨道上运行的卫星以相同的方向经过同一纬度的当地时间是相同的。气象卫星、地球资源卫星一般采用这种轨道。极地轨道是倾角为90度的轨

道，在这条轨道上运行的卫星每圈都要经过地球两极上空，可以俯视整个地球表面。气象卫星、地球资源卫星、侦察卫星、军用卫星常采用此轨道。

卫星轨道的形状和大小是由长轴和短轴决定的，而交点角、近地点幅角和轨道倾角则决定轨道在空间的方位。倾角是航天器绕地球运行的轨道平面与地球赤道平面之间的夹角。卫星或人造卫星的倾角，如果与行星的距离够近，就会以它们所环绕的行星赤道面来测量，赤道平面是垂直自转轴并通过中心的平面。倾角0度的意义是环绕物体的轨道就在行星的赤道平面上，并且与行星运行的方向一致；倾角90度是绕极的轨道，太空船会经过行星的南极和北极；倾角180度是在赤道平面上逆行的轨道。

知识卡片

角速度

连接运动质点和圆心的半径在单位时间内转过的弧度叫做"角速度"。它是描述物体转动或一质点绕另一质点转动的快慢和转动方向的物理量。

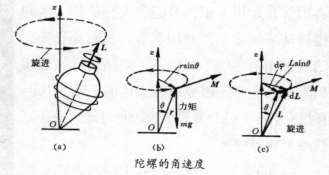

陀螺的角速度

黄道面

黄道面是指地球绕太阳公转的轨道平面，与地球赤道面交角为23°26'。由于月球和其他行星等天体的引力影响地球的公转运动，黄道面在空间的位置总是在不规则地连续变化。但在变动中的任意时间这个平面总是通过太阳中心。黄道面和地球相交的大圆称为黄道。

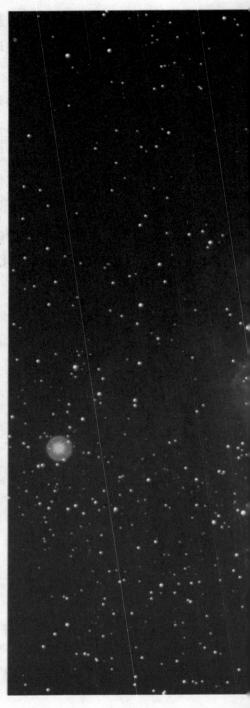

四、天体力学

天体力学是天文学和力学之间的交叉学科，是天文学中较早形成的一个分支学科，它主要应用力学规律来研究天体的运动和形状。天体力学以往所涉及的天体主要是太阳系内的天体，20世纪50年代以后也包括人造天体和一些成员不多（几个到几百个）的恒星系统。天体的力学运动是指天体质量中心在空间轨道的移动和绕质量中心的转动（自转）。对日月和行星则是要确定它们的轨道，编制星历表，计算质量并根据它们的自传确定天体的形状等等。

远在公元前一两千年，中国和其他文明古国就开始用太阳、月亮和大行星等天体的视运动来确定年、月和季节，为农业服务。随着观测精度的不断提高，观测资料的不断积累，人们开始研究这些天体的运动，从而预报它们未来的位置和天象，更好地为农业、航海事业等服务。

古代的巴比伦虽然没有力学的理论来推论天体的位置，但已经分辨得出太阳、月亮和行星不断重复的运行模式。他们将过去记录的天体位置制成表格，当重复的现象再出现时，就能据以校准并预测行星未来的运动。

天体

古代天文观测台

在中国，皇室的天文学家也在观测天象，记录行星和客星（可能是彗星和新星）的位置。虽然这些记录没有被用来预测行星的运动，但这些记录对现代天文学显然是非常有用的。

希腊的哲学家曾写下了许多行星运动与预测，并且提出了许多机制来解释行星的运动。他们的想法主要都是以地球为中心，行星则做着均匀的圆周运动。古希腊的阿里斯塔克斯曾提出太阳是宇宙中心的模型，并且试图测量地球和太阳的距离。

历史上出现过各种太阳、月球和大行星运动的假说，但直到1543年哥白尼提出日心体系后，才有反映太阳系的真实运动的模型。而开普勒根据第

开普勒

谷多年的行星观测资料，在1609～1619年间先后提出了著名的行星运动三大定律。开普勒定律深刻地描述了行星运动，至今仍有重要作用。他还提出著名的开普勒方程，对行星轨道下了定义，从此可以预报行星（以及月球）更准确的位置，形成理论天文学，这是天体力学的前身。到这时为止，人们对天体（指太阳、月球和大行星）的运动仅处于描述阶段，未能深究行星运动的力学原因。

中世纪末期，达·芬奇提出了不少力学概念，人们开始认识到力的作用。伽利略在力学方面作出了巨大的贡献，使动力学初具雏形，为

牛顿三定律的发现奠定了基础。牛顿根据前人在力学、数学和天文学方面的成就，以及他自己20多年的反复研究，在1687年出版的《自然哲学的数学原理》中提出了万有引力定律。他在书中还提出了著名的牛顿三大运动定律，把人们带进了动力学范畴。对天体的运动和形状的研究从此进入新的历史阶段，天体力学正式诞生。虽然牛顿未提出这个名称，仍用理论天文学表示这个领域，但牛顿实际上是天体力学的创始人。

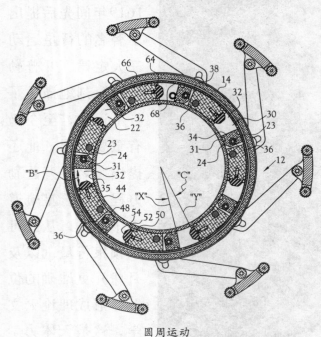

圆周运动

质点在以某点为圆心半径为r的圆周上运动时，即其轨迹是圆周的运动叫"圆周运动"。它是一种最常见的曲线运动。例如电动机转子、车轮、皮带轮等都作圆周运动。圆周运动分为匀速圆周运动和变速圆周运动（如：竖直平面内绳/杆转动小球、竖直平面内的圆锥摆运动）。在圆周运动中，最常见和最简单的是匀速圆周运动（因为速度是矢量，所以匀速圆周运动实际上是指匀速率圆周运动）。

阿里斯塔克斯

阿里斯塔克斯（约公元前310年～约公元前230年），古希腊时期最伟大的天文学家，数学家。 他生于古希腊时期的萨摩斯岛，是人类史上有记载的首位提倡日心说的天文学者，他将太阳而不是地球放置在整个已知宇宙的中心，他的观点并未被当时的人们理解，并被掩盖在亚里士多德和托勒密的才华光芒之下，直到大约公元1525年以后（经过了大约1785余年的时间），哥白尼才很好地发展和完善了阿里斯塔克斯的宇宙观和理论。

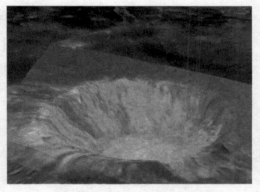

阿里斯塔克斯环形山彩色合成图像

哥白尼

哥白尼

尼古拉·哥白尼是日心说提出者，是欧洲文艺复兴时期的一位巨人。他经过长年的观察和计算完成了伟大著作《天球运行论》。1533年，60岁的哥白尼在罗马做了一系列的演讲，但直到他临近古稀之年才终于决定将它出版。1543年5月24日去世的那一天，他才收到出版商寄来的一部他写的书。哥白尼的"日心说"沉重地打击了教会的宇宙观。哥白尼用他毕生的精力去研究天文学，为后世留下了宝贵的遗产。

开普勒

开普勒（1571年～1630年）是德国著名的天体物理学家、数学家、哲学家。他首先把力学的概念引进天文学，他还是现代光学的奠基人，制作了著名的开普勒望远镜。他发现了行星运动三大定律，为哥白尼创立的"太阳中心说"提供了最为有力的证据。他被后世誉为"天空的立法者"。

达·芬奇

达芬奇

列奥纳多·达·芬奇，意大利文艺复兴三杰之一，也是整个欧洲文艺复兴时期最完美的代表。他是一位思想深邃、学识渊博、多才多艺的画家、寓言家、雕塑家、发明家、哲学家、音乐家、医学家、生物学家、地理学家、建筑工程师和军事工程师。他是一位天才，他一面热心于艺术创作和理论研究，研究如何用线条与立体造型去表现形体的各种问题；另一方面他也同时研究自然科学，为了真实感人的艺术形象，他广泛地研究与绘画有关的光学、数学、地质学、生物学等多种学科。他的艺术实践和科学探索精神对后代产生了重大而深远的影响。

伽利略

伽利略

意大利物理学家、天文学家和哲学家，近代实验科学的先驱者。成就包括改进望远镜和其所带来的天文观测，以及支持哥白尼的日心说。当时，人们争相传颂："哥伦布发现了新大陆，伽利略发现了新宇宙"。

牛顿三大定律

牛顿运动定律是由伊萨克·牛顿发表在《自然哲学的数学原理》的三运动定律三大经典力学基本运动定律的总称。牛顿第一运动定律，即惯性定律。牛顿第二运动定律，物体的加速度跟物体所受的合外力成正比，跟物体的质量成反比，加速度的方向跟合外力的方向相同。牛顿第三运动定律，两个物体之间的作用力和反作用力，在同一直线上，大小相等，方向相反。

摄动

一个天体绕另一个天体按二体问题的规律运动时，因受别的天体的吸引或其他因素的影响，在轨道上产生的偏差，这些作用与中心体的引力相比是很小的，因此称为摄动。天体在摄动作用下，其坐标、速度或轨道要素都产生变化，这种变化成分称为摄动项。

莱布尼茨

莱布尼茨

戈特弗里德·威廉·莱布尼茨（1646年－1716年），德国哲学家、数学家。涉及的领域包括法学、力学、光学、语言学等40多个范畴，被誉为17世纪的亚里士多德。和牛顿先后独立发明了微积分。

拉普拉斯

拉普拉斯，法国数学家、天文学家，法国科学院院士。他是天体力学的主要奠基人，天体演化学的创立者之一，他还是分析概率论的创始人，因此可以说他是应用数学的先驱。

拉普拉斯

庞加莱

亨利·庞加莱是法国数学家、天体力学家、数学物理学家、科学哲学家。庞加莱的研究涉及数论、代数学、几何学、拓扑学、天体力学、数学物理、多复变函数论、科学哲学等许多领域。庞加莱在数学方面的杰出工作对20世纪和当今的数学造成极其深远的影响，他在天体力学方面的研究是牛顿以来第二个伟大的里程碑，他对电子理论的研究被公认为相对论的理论先驱。

庞加莱

牛顿发现万有引力

天体力学诞生以来的近300年历史中，按研究对象和基本研究方法的发展过程，大致可划分为三个时期：

◆奠基时期

从天体力学创立到19世纪后期，是天体力学的奠基过程。天体力学在这个过程中逐步形成了自己的学科体系，称为经典天体力学。它的研究对象主要是大行星和月球，研究方法主要是经典分析方法，也就是摄动理论。天体力学的奠基者同时也是近代数学和力学的奠基者。牛顿和莱布尼茨共同创立的微积分学，成为天体力学的数学基础。

18世纪，由于航海事业的发展，需要更精确的月球和亮行星的位置表，于是数学家们致力于天体运动的研究，从而创立了分析力学，这就是天体力学的力学基础。这方面的主要奠基者有欧拉、达朗贝尔和拉格朗日等。其中欧拉是第一个较完整的月球运动理论的创立者，拉格朗日是大行星运动理论的创始人。后来由拉普拉斯集其大成，他的5卷16册巨著《天体力学》成为经典天体力学的代表作。他在1799年出版的第一卷中，首先提出了天体力学的学科名称，并描述了这个学科的研究领域。到1828年，全书完成。

拉格朗日

在这部著作中，拉普拉斯对大行星和月球的运动都提出了较完整的理论，而且对周期彗星和木星的卫星也提出了相应的运动理论。同时，他还对天体形状的理论基础——流体自转时的平衡形状理论作了详细论述。

后来，勒让德、泊松、雅可比和汉密尔顿等人又进一步发展了有关的理论。1846年，根据勒威耶和亚当斯的计算，发现了海王星。这是经典天体力学的伟大成果，也是自然科学理论预见性的重要验证。此后，大行星和月球运动理论日臻完善，成为编算天文年历中各天体历表的根据。

◆ 发展时期

从19世纪后期到20世纪50年代，是天体力学的发展时期。在研究对象方面，增加了太阳系内大量的小天体（小行星、彗星和卫星等），在研究方法方面，除了继续改进分析方法外，增加了定性方法和数值方法，但它们只作为分析方法的补充。这段时期可以称为近代天体力学时期。庞加莱在1892~1899年出版的三卷本《天体力学的新方法》是这个时期的代表作。

庞加莱

虽然早在1801年就发现了第一号小行星（谷神星），填补了火星和木星轨道之间的空隙。但小行星的大量发现，是在19世纪后半叶照相方法被广泛应用到天文观测以后的事情。与此同时，彗星和卫星也被大量发现。这些小天体的轨道偏心率和倾角都较大，用行星或月球的运动理论不能得到较好结果。天体力学家们探索了一些不同于经典天体力学的方法，其中德洛内、希尔和汉森等人的分析方法，对以后的发展影响较大。

定性方法是由庞加莱和李亚普诺夫创立的，庞加莱建立了微分方程定性理论，李亚普诺夫发展了这一理论。但到20世纪50年代为止，这方面进展不大。

数值方法最早可追溯到高斯的工作方法。19世纪末形成的科威耳方法和亚当斯方法，至今仍为天体力学的基本数值方法，但在电子计算机出现以前，应用不广。

◆新时期

20世纪50年代以后，由于人造天体的出现和电子计算机的广泛应用，天体力学进入一个新时期。研究对象又增加了各种类型的人造天体，以及成员不多的恒星系统。在研究方法中，数值方法有迅速的发展，不仅用在解决实际问题，而且还同定性方法和分析方法结合起来，进行各种理论问题的研究。定性方法和分析方法也有相应发展，以适应观测精度日益提高的要求。

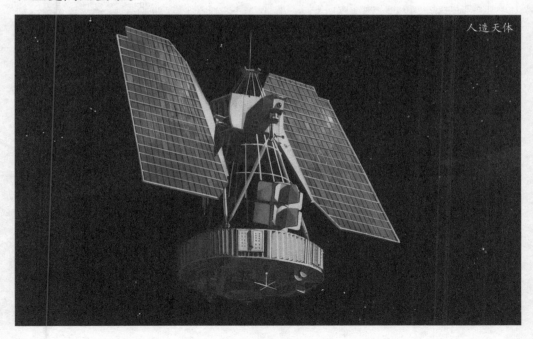

人造天体

星历表

　　星历表，简称历表，是记载每日星体运行状况的图表，能快速查出星的精确位置。也是依序列出天体在不同日期所在位置的表，或编列有许多星历表的书籍。通常还附带其他补充材料，而天文年历也是星历表的一种。

2009年目视流星雨历表

流星群 名称	代码	活跃期	极大时间 (北京时间)	极大辐射点位置 赤经	赤纬	速度 (千米/)	ZHR	r	极大时月龄	说明
反太阳源	ANT	全年					不固定			反太阳源，辐射点位于黄道上与太阳位置相反点向东12°，并在赤经和赤纬方向上分别有30°和15°的范围。准确的说，它并不是一个流星群，而是与动力学有关。现在认为夏季的摩羯座α、宝瓶座δ，以及秋冬季的南北金牛座流星雨都是它的一部分。
象限仪	QUA	1月1日-5日	1月3日20时50分	230°	+49°	41	120（60～200）	2.1	7	常年较大流星雨之一，辐射点几乎整夜可见，但地平高度较大需要到下半夜，上弦月对观测影响较小。
天琴座	LYR	4月16-25日	4月22日19时	271°	+43°	49	18（爆发可达90+）	2.1	27	1982年曾经爆发，ZHR值达90以上，常年在18左右。今年月相有利于观测。
船尾座π	PPU	4月15-28日	4月24日08时	110°	-45°	18	40左右	2.0	29	1972年被发现的流星雨，极大时短期ZHR可达40，母彗星为26P/Grigg-Skjellerup。月相有利，但辐射点偏南，我国北方部分地区观测效果不佳。
宝瓶座η	ETA	4月19日-5月28日	5月6日8时	338°	-01°	66	40～85	2.4	11	活动时间较长，从3日到10日ZHR都在30左右。今年有爆发预期，且无月光干扰，缺点是辐射点升起后不久就会天亮，可观测时间不长。
六月牧夫	JBO	6月22日-7月2日	6月27日16时30分	224°	+48°	18	0～100+	2.2	5	1998年该流星雨爆发，ZHR在50～100，并持续了近半天的时间。2004年为20～50，母彗星7P/Pons-Winnecke今年距离地球较近，因此值得监测，且基本无月光干扰。

假说

　　假说即指按照预先设定对某种现象进行的解释，即根据已知的科学事实和科学原理，对所研究的自然现象及其规律性提出的推测和说明，而且数据经过详细的分类、归纳与分析，得到一个暂时性但是可以被接受的解释。任何一种科学理论在未得到实验确证之前表现为假设学说或假说。有的假设还没有完全被科学方法所证明，也没有被任何一种科学方法所否定，但能够产生深远的影响。

定性方法

　　定性方法是根据社会现象或事物所具有的属性和在运动中的矛盾变化，从事物的内在规定性来研究事物的一种方法或角度。它以普遍承认的公理、一套演绎逻辑和大量的历史事实为分析基础，从事物的矛盾性出发，描述、阐释所研究的事物。进行定性研究，要依据一定的理论与经验，直接抓住事物特征的主要方面，将同质性在数量上的差异暂时略去。

五、多普勒效应

　　1842年，奥地利有一位名叫多普勒的数学家、物理学家。一天，他正路过铁路交叉处，恰逢一列火车从他身旁驰过，他发现火车从远而近时汽笛声变响，音调变尖，而火车从近而远时汽笛声变弱，音调变低。他对这个物理现象感到极大兴趣，并进行了研究。

多普勒

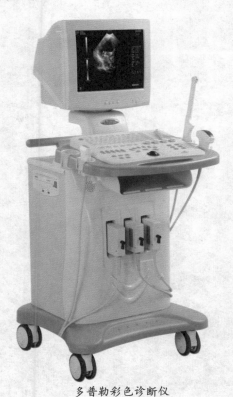

多普勒彩色诊断仪

　　多普勒发现这是由于振源与观察者之间存在着相对运动，使观察者听到的声音频率不同于振源频率的现象。这就是频移现象。声源相对于观测者在运动时，观测者所听到的声音会发生变化。当声源离观测者而去时，声波的波长增加，音调变得低沉，当声源接近观测者时，声波的波长减小，音调就变高。音调的变化同声源与观测者间的相对速度和声速的比值有关。这一比值越大，改变就越显

多普勒效应

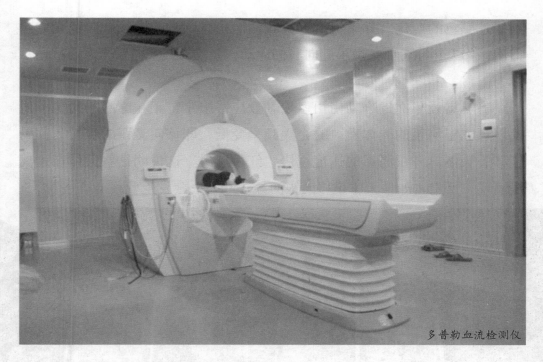

多普勒血流检测仪

著，后人把它称为"多普勒效应"。

频移现象

多普勒效应不仅仅适用在声波，它也适用在所有类型的波。具有波动性的光也会出现这种效应，它又被称为多普勒-斐索效应。因为法国物理学家斐索（1819年—1896年）在1848年独立地对来自恒星的波长偏移做了解释，指出了利用这种效应测量恒星相对速度的办法。光波与声波的不同之处在于，光波频率的变化使人感觉

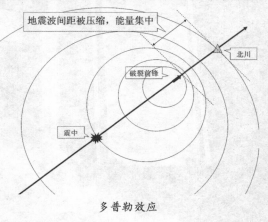

多普勒效应

到的是颜色的变化。如果恒星远离我们而去，则光的谱线就向红光方向移动，称为红移；如果恒星朝向我们运动，光的谱线就向紫光方向移动，称为蓝移。

科学家爱德文·哈勃使用多普勒效应得出宇宙正在膨胀的结论。他发现远离银河系的天体发射的光线频率变低，即移向光谱的红端，称为红移，天体离开银河系的速度越快，红移越大，这说明这些天体在远离银河系。反之，如果天体正移向银河系，则光线会发生蓝移。

哈勃太空望远镜

哈勃太空望远镜拍摄宇宙夜空

　　多普勒效应是为纪念奥地利物理学家及数学家克里斯琴·约翰·多普勒而命名的，他在1843年首先提出了这一理论。主要内容为：物体辐射的波长因为波源和观测者的相对运动而产生变化。在运动的波源前面，波被压缩，波长变得较短，频率变得较高(蓝移)；当运动在波源后面时，会产生相反的效应。波长变得较长，频率变得较低(红移)。波源的速度越高，所产生的效应越大。根据波红(蓝)移的程度，可以计算出波源循着观测方向运动的速度。

 知识卡片

波长

波长指沿着波的传播方向，在波的图形中相对平衡位置的位移时刻相同的相邻的两个质点之间的距离。在横波中波长通常是指相邻两个波峰或波谷之间的距离。在纵波中波长是指相邻两个密部或疏部之间的距离。波长在物理中表示为：λ，读作"拉姆达"，单位是"米"。

多普勒

奥地利物理学家、数学家和天文学家，因提出"多普勒效应"，而闻名世界。

银河系

银河系是太阳系所在的恒星系统，包括1200亿颗恒星和大量的星团、星云，还有各种类型的星际气体和星际尘埃。它的直径约为100000多光年，中心厚度约为12000光年，总质量是太阳质量的1400亿倍。银河系是一个旋涡星系，具有旋涡结构，有一个银心和两个旋臂，旋臂相距4500光年。太阳在银河一个支臂猎户臂上，到银河中心的距离大约是26000光年。

光谱

光谱是复色光经过色散系统（如棱镜、光栅）分光后，被色散开的单色光按波长（或频率）大小而依次排列的图案，全称为光学频谱。光谱中最大的一部分可见光谱是电磁波谱中人眼可见的一部分，在这个波长范围内的电磁辐射被称作可见光。光谱并没有包含人类大脑视觉所能区别的所有颜色，譬如褐色和粉红色。

第4章

人造卫星与人类生活

◎人造卫星的用途

◎GPS系统

◎太空垃圾

◎危害与处理方案

一、人造卫星的用途

盖革计数器

一种专门探测电离辐射（α粒子、β粒子、γ射线）强度的记数仪器。由充气的管或小室作探头，当向探头施加的电压达到一定范围时，射线在管内每电离产生一对离子，就能放大产生一个相同大小的电脉冲并被相连的电子装置所记录，由此测量得单位时间内的射线数。

盖革计数器

重力梯度稳定

利用重力梯度力矩来稳定航天器空间姿态的技术。绕地球运行的航天器各部分质量所受到的不相等引力等因素所产生的力矩称为重力梯度力矩。重力梯度稳定系统能使航天器的纵轴指向地心。重力梯度稳定技术在20世纪60年代得到了广泛应用，特别是用在导航卫星。

椭圆轨道

椭圆轨道是普遍存在的一种天体之间相对运动所遵循的现象。根据牛顿运动定律，即物体在受到外力的作用下，会在该受力方向上产生一个加速度，又根据万有引力定律，任何有质量的物体之间都会相互吸引，吸引力的大小取决于两个物体的质量和相隔距离。所以，比如，现在地球运动方向相对于太阳有个偏离速度，如果不存在万有引力，地球将逐渐远离太阳在宇宙中做匀速直线运动；而正由于万有引力使得地球在太阳的方向有个加速度，地球就会往太阳的方向发生偏移并不停地改变速度大小和方向，使得地球绕太阳旋转。而一般情况，当一个物体靠近另外一个物体，是逐渐被捕获并逐渐增加吸引力的，所以越靠近吸引力越大，加速度和速度也越大，而速度越大，要改变物体的运动就越难。所以除非达到绝对平衡，否则基本上不会成为标准的圆周运动。

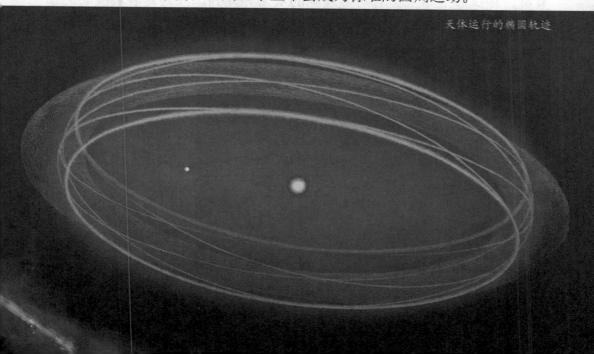

天体运行的椭圆轨迹

应用卫星主要有三大用途：

◆无线电信号中继

这类卫星发展很快，有国际通信卫星、国内通信卫星、军用通信卫星、海事卫星、广播卫星、跟踪和数据中继卫星和搜索营救卫星。这些卫星上装有工作在各种频段的转发器和天线，它们转发来自地面、海上、空中和低轨道卫星的无线电信号，用在传输电话、电报和电视广播节目以及数据通信。这类卫星大部分运行在静止轨道上。还有一些采用大椭圆轨道，如苏联的"闪电号"通信卫星。

地球静止轨道

◆对地观测平台

这类卫星有气象卫星、地球资源卫星、侦察卫星等，称为对地观测卫星。在这些卫星上装有对地观测的从紫外光到远红外光各种波长的遥感仪器或其他探测仪器，收集来自陆地、海洋、大气的各种频段的电磁波，从中提取有用的信息，分析、判断、识别被测物体的性质和所处的状态。这些卫星可以直接服务于气象、农林、地质、水利、测绘、海洋、环境污染和军事侦察

太阳同步轨道

等方面。这类卫星大多采用太阳同步轨道，也有使用静止轨道和其他轨道的。

◆**导航定位基准**

这类卫星有导航卫星、测地卫星等。在这些卫星上装有光信标灯、激光反射器和无线电信标机、应答机等。这种卫星的空间位置、到地面的距离和运行速度都可以预先确定，因而可用作定位、导航和大地测量的基准。地面固定的或移动的物体、空中飞机和海上舰艇，都可以利用这类卫星确定自己的坐标。这类卫星的轨道大多为极轨道。

导航定位

极光

紫外光

紫外光是波长比可见光短，但比X射线长的电磁辐射。紫外光在电磁波谱中范围波长为10～400纳米。这范围内开始于可见光的短波极限，而与长波X射线的波长相重叠。紫外光被划分为A 射线、B 射线和C 射线（简称UVA、UVB 和UVC），波长范围分别为400～315纳米、315～280纳米、280～190纳米。

远红外线

太阳光线大致可分为可见光及不可见光。可见光经三棱镜后会折射出紫、蓝、青、绿、黄、橙、红颜色的光线（光谱）。红光外侧的光线，在光谱中波长自0.76～400微米的一段被称为红外光，又称红外线。红外线属于电磁波的范畴，是一种具有强热作用的放射线。红外线的波长范围很宽，人们将不同波长范围的红外线分为近红外、中红外和远红外区域，相对应波长的电磁波称为近红外线、中红外线及远红外线。

频段

频段是一个有关通讯和声音理学方面的词语，通讯方面的频段意思是指一定的无线电波的频率范围；声音和音乐中的频段是指声音频率而言，人耳对声音频率的感觉是20Hz～20KHz，而人的语音频率范围则集中在80Hz～12kHz之间，不同频段的声音对人的感受是不同的。

极光

极光是由于太阳带电粒子（太阳风）进入地球磁场，在地球南北两极附近地区的高空夜间出现的灿烂美丽的光辉。在南极称为南极光，在北极称为北极光。

二、GPS系统

　　GPS系统包括三大部分：空间部分——GPS卫星星座；地面控制部分——地面监控系统；用户设备部分——GPS信号接收机。

　　GPS卫星星座由21颗工作卫星和3颗在轨备用卫星组成，记作（21+3）GPS星座。24颗卫星均匀分布在6个轨道平面内，轨道倾角为55度，各个轨道平面之间相距60度，就是轨道的升交点赤经各相差60度。每个轨道平面内各颗卫星之间的升交角距相差90度，一轨道平面上的卫星比西边相邻轨道平面上的相应卫星超前30度。

GPS定位系统

　　在两万千米高空的GPS卫星，当地球对恒星来说自转1周时，它们绕地球运行2周，就是绕地球一周的时间为12恒星时。这样，对地面观测者来说，每天将提前4分钟见到同一颗GPS卫星。在地平线以上的卫星颗数随着时间和地点的不同而不同，最少可见到4颗，最多可见到11颗。在用GPS信号导航定位时，必须观测4颗GPS卫星，称为定位星座。这4颗卫星在观测过程中的几何位置分布对定位精度有一定的影响。对某地某时，甚至不能测得精确的点位坐标，这种时间段叫做"间隙段"。但这种时间间隙段是很短暂的，并不影响全球绝大多数地方的全天候、高精度、连续实时的导航定位测量。GPS工作卫星的编号和试验卫星基本相同。

GPS监测站

地面监控系统

　　对于导航定位来说，GPS卫星是一动态已知点。星的位置是依据卫星发射的星历——描述卫星运动及其轨道的的参数算得的。每颗GPS卫星所播发的星历，是由地面监控系统提供的。卫星上的各种设备是否正常工作，以及卫星是否一直沿着预定轨道运行，都要由地面设备进行监测和控制。地面监控系统另一重要作用是保持各颗卫星处在同一时间标准——GPS时间系统。这就需要地面站监测各颗卫星的时间，求出钟差。然后由地面注入站发给卫星，卫星再由导航电文发给用户设备。GPS工作卫星的地面监控系统包括一个主控站、三个注入站和五个监测站。

GPS卫星

GPS信号接收机

GPS信号接收机的任务是：能够捕获到按一定卫星高度截止角所选择的待测卫星的信号，并跟踪这些卫星的运行，对所接收到的GPS信号进行变换、放大和处理，以便测量出GPS信号从卫星到接收机天线的传播时间，解译出GPS卫星所发送的导航电文，实时计算出测站的三维位置，甚至三维速度和时间。

GPS卫星发送的导航定位信号，是一种可供无数用户共享的信息资源。对陆地、海洋和空间的广大用户，只要用户拥有能够接收、跟踪、变换和测量GPS信号的接收设备，即GPS信号接收机，就可以在任何时候用GPS信号进行导航定位测量。根据使用目的的不同，用户要求的GPS信号接收机也各有

架在高山顶的GPS接收机

GPS接收机

差异。目前世界上已有几十家工厂生产GPS接收机，产品也有几百种。这些产品可以按照原理、用途、功能等来分类。

　　静态定位中，GPS接收机在捕获和跟踪GPS卫星的过程中固定不变，接收机高精度地测量GPS信号的传播时间，利用GPS卫星在轨的已知位置，解算出接收机天线所在位置的三维坐标。而动态定位是用GPS接收机测定一个运动物体的运行轨迹。GPS信号接收机所在的运动物体叫做载体（如航行中的船舰、空中的飞机、行走的车辆等）。载体上的GPS接收机天线在跟踪GPS卫星的过程中相对地球而运动，接收机用GPS信号实时地测得运动载体的状态参数。

　　接收机硬件和机内软件以及GPS数据的后处理软件包，构成完整的GPS用户设备。GPS接收机的结构分为天线单元和接收单元两大部分。对测地型接收机来说，两个单元一般分成两个独立的部件，观测时将天线单元安置在测站上，接收单元在测站附近的适当地方，用电缆线将两者连接成一个整机。也有的将天线单元和接收单元制作成一个整体，观测时将安置在测站点上。

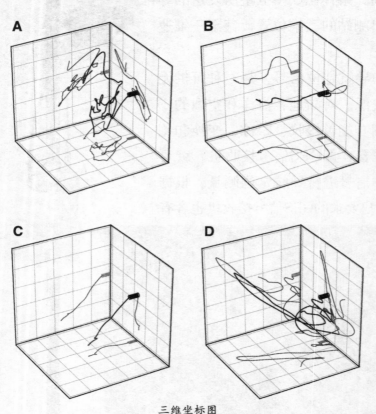

三维坐标图

GPS接收机一般用蓄电池做电源。同时采用机内机外两种直流电源。设置机内电池的目的在于更换外电池时不中断连续观测。在用机外电池的过程中，机内电池自动充电。关机后，机内电池为RAM存储器供电，以防止丢失数据。

近几年，国内引进了许多种类型的GPS测地型接收机。各种类型的GPS测地型接收机用在精密相对定位时，其双频接收机精度可达5MM+1PPM．D，单频接收机在一定距离内精度可达10MM+2PPM．D。用在差分定位时其精度可达亚米级到厘米级。

目前，各种类型的GPS接收机体积越来越小，重量越来越轻，方便野外观测。GPS和GLONASS兼容的全球导航定位系统接收机已经问世。

车载卫星导航仪

卫星接收地面站

参数

参数，也叫参变量，是一个变量。我们在研究当前问题的时候，关心某几个变量的变化以及它们之间的相互关系，其中有一个或一些叫自变量，另一个或另一些叫因变量。如果我们引入一个或一些另外的变量来描述自变量与因变量的变化，引入的变量本来并不是当前问题必须研究的变量，我们把这样的变量叫做参变量或参数。

星历

在GPS测量中，星历是指天体运行随时间而变的精确位置或轨迹表，它是时间的函数。具体应用中有"广播星历"与后处理"精密星历"之分。

注入站

卫星导航地面站的组成部分之一。它存储来自主控站的各卫星星历、各卫星原子钟校正参量、大气校正参量及其他数据。当卫星通过其视界时，注入站接收并跟踪此卫星后，即以高传输速率将存储的该卫星的数据向其发送，注入卫星的数据存储器。

三、太空垃圾

按照火箭科学家专业的说法叫做"轨道碎片"，不过一般人都将其称为"太空垃圾"。这些零零碎碎的太空垃圾，据统计，直径大于1厘米的空间碎片数量竟然超过11万个，而大于1毫米的空间碎片超过30万个。真的有这么多的垃圾吗？是的，而且这些都是我们人类自己制造的。

坠落的太空垃圾

太空垃圾就是在人类探索宇宙的过程中，被有意无意地遗弃在宇宙空间，漂浮的各种残骸和废物。太空垃圾完全是人为造成的，如何控制和消除这些垃圾是一个必须解决的问题。否则它们对各国的气象卫星、通讯卫星可能造成很大的威胁和破坏。

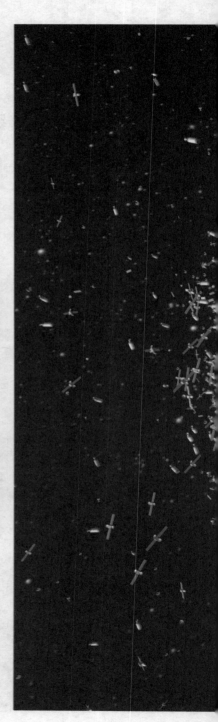

太空垃圾

最早提出"太空垃圾"概念的是防空部队的值班人员，因为监控宇宙空间的部门每天要监视5万多个物体，太空垃圾常令他们迷惑。16年前，加拿大某气象台宣布，发现了英仙星座附近有星体爆炸。后来才弄清楚，这不过是一颗废弃人造卫星在太阳光反射下造成的效果。

星空

英仙星座

1987年，曾发生过因连接器拧不紧，"量子"舱无法同"和平号"对接的情况。当时，经验丰富的地面控制中心认为，舱外肯定有物质干扰对接，于是派一个考察组上去检查，结果发现那里有一个金属残片。

和平号空间站

太空垃圾的种类繁多：有已经"寿终正寝"，但仍在空间轨道兜圈子的卫星、空间站等航天器；被遗弃的运载火箭推进器残骸；意外爆炸形成的碎片、零件；宇航员的生活垃圾以及人类太空活动掉落的空间微粒等。

调查表明，到2009年为止，太空垃圾空间碎片总数已经超过4000万个，总质量已达数百万千克。

除了进行航天任务时扔到太空的垃圾越来越多以外，已在太空的垃圾件数也会自行增多。比如，脱离主体的火箭中还含有的剩余燃料在太空爆炸便会生成无数个碎块，形成更多的太空垃圾。

德国伦琴天文卫星

哥伦比亚号航天飞机爆炸

　　一个太空飞行器如果在600千米的高空飞行，它将围绕地球转25～30年；如果它在1000千米的高度飞行，就可飞行4001年；如果再高，它几乎会成为永恒的物体。太空中这种"长寿"垃圾越来越多，清除将是很艰难的。一般来说，这些太空垃圾在大气阻力的影响下会逐渐陨落，但是如果它的轨道很高，在1000千米以上，大气阻力很小，那它能在轨道上存留数万年甚至数百万年。

　　20世纪60年代以前，没人听说过太空坠落物，但是自1973年以来，每年有数百块太空垃圾坠落地球。但由于在经过大气层时与空气产生的急剧摩擦，使得这些垃圾在没有通过大气层时就自我燃烧殆尽，在大气层的保护下就自我毁灭了。万幸的是，到今天为止没有大型的太空垃圾坠向地球，因此也没有伤人。

"永远"翱翔在太空的卫星

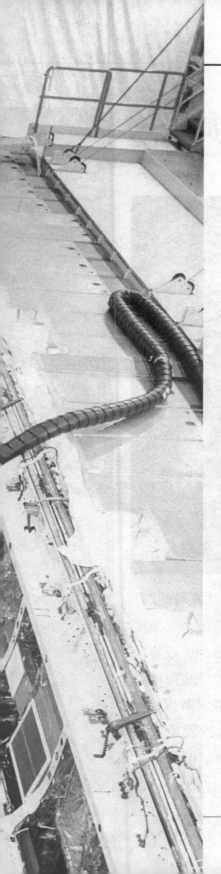

 知识卡片

舱

一般指主船体内部，由纵、横舱壁或其他构件分隔而成，供船上人员生活、工作或安置、存放、装载各种设备、物品、货物等的空间。

对接

使两个航天器在某个时刻以同一速度到达空间同一位置，实现轨道交会。然后通过专门的对接机构，使两者连接成为一个整体。

第4章
人造卫星与
人类生活

四、太空垃圾的危害及处理方案

太空垃圾

　　美国东部时间2009年2月10日上午11时55分（北京时间2月11日晚0时55分），美国和俄罗斯的两颗通信卫星在太空相撞并产生大量太空垃圾，这极有可能会对国际空间站构成威胁。这次卫星相撞发生地点位在西伯利亚上空790千米，两颗相撞的卫星分别是美国1997年发射的一颗铱星，以及俄罗斯1993年发射的一颗已报废的卫星。这也是人类历史上首次发生卫星相撞事故。尽管以前曾经观测到三次很小的碰撞，但是这么大的两颗通讯卫星撞到一起还是第一次。

两颗卫星相撞

19世纪50年代开始进军宇宙以来，人类已经发射了4000多次航天运载火箭。据不完全统计，太空中现有直径大于10厘米的碎片9千多个，大于1．2厘米的有数十万个，而漆片和固体推进剂尘粒等微小颗粒可能数以百万计。

不要小看这些太空垃圾，由于飞行速度极快（6～7千米/秒），它们都蕴藏着巨大的杀伤力，一块10克重的太空垃圾撞上卫星，相当于两辆小汽车以100千米的时速迎面相撞——卫星会在瞬间被打穿或击毁。试想，如果撞上的是载人宇宙飞船……而且人类对太空垃圾的飞行轨道无法控制，只能粗略地预测。这些垃圾就像高速公路上那些无人驾驶，随意乱开的汽车一样，你不知道它什么时候刹车，什么时候变线。它们是宇宙交通事故最大的潜在"肇事者"，对于宇航员和飞行器来说都是巨大的威胁。

目前地球周围的宇宙空间还算开阔，太空垃圾在太空中发生碰撞的概率很小，但一旦撞上，就是毁灭性的。更令航天专家头疼的是

宇宙飞船面临太空垃圾威胁

"雪崩效应"——每一次撞击并不能让碎片互相湮灭，而是产生更多碎片，而每一个新的碎片又是一个新的碰撞危险源。

那么怎样清理这些太空垃圾呢？人们想出了许多创意方案。

激光发射器

从地面或者太空发射激光，将太空垃圾推至离地球更近的轨道，使其在地球引力作用下加速下落。但是这个创意的缺点在

激光发射装置

于：成本过高，激光发射装置非常昂贵，而且可以击中的目标有限。

太空垃圾收集车

太空垃圾回收车能够在太空轨道指定地点上将大块太空残骸收集和封装起来，然后运送到离地球比较近的轨道上。这种垃圾收集车还可以收集整块的老火箭残体。但是方案的问题在于成本太高，而且操作也比较复杂。

金属细丝

这种方案就是在飞船发射之前，在飞船上面附着一个金属细丝，进入

轨道后用它来击落那些碎片。

定位跟踪

太空垃圾定位及监视系统还是冷战时期美苏两国为监视敌方导弹进攻及间谍卫星而建造的跟踪系统。它们能探测到低轨道上10厘米大小和地球同步轨道上1米大小的碎片。

自杀卫星

体积只有足球那么大，一旦侦察到太空垃圾，便依附在垃圾上，使速度降低，最后进入大气层，与太空垃圾同归于尽。

自杀卫星能侦察到太空垃圾

空间工友

由12只空间"垃圾箱"组成，在地球同步轨道上运行。当太空垃圾飞过时，它的由电脑控制的机械臂会抓住目标，放进"垃圾箱"后将其分割切碎，使其坠入地球大气层燃烧自毁。

 知识卡片

铱星

　　1997、1998年，美国铱星公司发射了几十颗用于手机全球通讯的人造卫星，这些人造卫星就叫铱星。铱星移动通信系统是美国铱星公司委托摩托罗拉公司设计的一种全球性卫星移动通信系统，它通过使用卫星手持电话机，透过卫星可在地球上的任何地方拨出和

卫星通讯电话

接收电话讯号。2000年3月铱星公司宣布破产。2009年2月10日上午，美国1997年发射的"铱星33号"与一颗俄罗斯1993年发射、1995年报废的军用卫星"宇宙2251号"相撞，地点位于西伯利亚上空。

固体推进剂

固体推进剂是固体火箭发动机的动力源用材料，在导弹和航天技术发展中起着重要的作用，通常可分为双基推进剂、复合推进剂和改性双基推进剂。双基推进剂是硝酸纤维素与硝化甘油组成的均质混合物。

雪崩效应

雪崩效应就是一种不稳定的平衡状态，也是加密算法的一种特征，它指明文或密钥的少量变化会引起密文的很大变化，就像雪崩前，山上看上去很平静，但是只要有一点问题，就会造成一片大崩溃。

图书在版编目（CIP）数据

图说人造卫星 ／ 左玉河，李书源主编 ． －－ 长春 ：吉林出
版集团有限责任公司，2012.4（2021.5重印）
（中华青少年科学文化博览丛书 ／ 李营主编 ． 科学技术卷）

ISBN 978-7-5463-8874-8-03

Ⅰ．①图… Ⅱ．①左… ②李… Ⅲ．①人造卫星－青年读物
②人造卫星－少年读物 Ⅳ．① V474－49

中国版本图书馆 CIP 数据核字（2012）第 053681 号

图说人造卫星

作　　者／左玉河　李书源
责任编辑／张西琳　王　博
开　　本／710mm×1000 mm　1/16
印　　张／10
字　　数／150千字
版　　次／2012年4月第1版
印　　次／2021年5月第4次

出　　版／吉林出版集团股份有限公司（长春市福祉大路5788号龙腾国际A座）
发　　行／吉林音像出版社有限责任公司
地　　址／长春市福祉大路5788号龙腾国际A座13楼　　邮编：130117
印　　刷／三河市华晨印务有限公司
ISBN　978-7-5463-8874-8-03　　　定价／39.80元